广东省质量工程"信号与系统课程教研室"项目、肇庆学院校本教材建设项目

信号与系统

范　羽　主编

中国商业出版社

图书在版编目（CIP）数据

信号与系统 / 范羽主编. -- 北京：中国商业出版
社，2024. 12. -- ISBN 978-7-5208-3270-0

Ⅰ. TN911.6

中国国家版本馆CIP数据核字第2024CW0738号

责任编辑：王　静

中国商业出版社出版发行

（www.zgsycb.com 100053 北京广安门内报国寺1号）

总编室：010-63180647　编辑室：010-83114579

发行部：010-83120835/8286

新华书店经销

河北万卷印刷有限公司印刷

*

787 毫米 ×1092 毫米　16 开　12.25 印张　216 千字

2024 年 12 月第 1 版　2024 年 12 月第 1 次印刷

定价：98.00 元

*　*　*　*

前　言

在全球化的浪潮中，科学技术的演进呈现出迅猛的发展态势，尤其是信息技术、通信技术和人工智能等领域的飞速发展，使得信号与系统理论成为现代电子、通信、自动化、计算机等信息技术领域至关重要的基础理论之一。信号与系统课程不仅在电子工程领域占据举足轻重的地位，更是高等教育体系中不可或缺的一环，对于培养高级工程技术人才具有重大意义。

随着信息技术的广泛应用，信号与系统的研究领域已逐步超越传统的工业控制范畴，向网络化、智能化、综合化的新一代信息处理技术领域延伸。在这一背景下，面对挑战与机遇并存的新时代，信号与系统课程的教学与研究工作必须持续更新与拓展，以适应现代工程技术发展的需求，为国家培养出更多具备创新精神和国际竞争力的高级工程技术人才。

信号与系统理论在工程技术领域的应用广泛且深远。然而，在教学实践过程中，人们注意到该理论的深度、广度与工程应用的多样性之间存在一定的差距。鉴于此，本书致力于将信号与系统理论和工程实际紧密结合，旨在强调理论与实践的有机统一，从而为学生提供更为全面且系统的知识体系，进而增强其在实际应用中的能力。希望本书能够帮助学生掌握信号与系统理论的精髓，为学生进一步学习相关专业的高级课程及进行科学研究打下扎实的基础。

全书内容条理清晰，共分为 6 章，涵盖信号与系统的基本概念、分析方法及应用。第 1 章概述了信号与系统的基本概念，包括信号的描述和分类、奇异信号、系统模型及其分类、线性时不变系统的特性、系统分析方法，为后续学习奠定了基础。第 2 章深入分析了连续时间系统的时域，讨论了线性系统时域分析方法、用时域经典法求解微分方程、零输入响应与零状态响应、冲激响应与阶跃响应、卷积和卷积的性质。第 3 章介绍了离散时间系统的时域分析，涵盖离散信号——序列、离散时间系统的数学模型、常系数线性差分方程的求解、离散时间系统的单位样值响应、卷积和与解卷积。第 4 章系统阐述了连续时间系统的频域分析，包含正交函数与正交函数集的基本概念、常见周期信号的傅里叶级数、傅里叶变换、常见非周期信号的傅里叶变换、傅里叶变换的基本性质、卷积定理、周期信号的傅里叶变换和抽样定理，展示了傅里叶变换在通信系统中的应用。第 5 章聚焦于拉普拉斯（Laplace）变换及其在连续时间系统的复频域分析中的应用，讨论了拉普拉斯变换的定义、收敛域、基本性质及拉普拉斯逆变换，强调了其在线性电路分析中的价值，论述了连续时间系统的系统函数及稳定性。第 6 章介绍了 z 变换在离散时间系统中的应用，涵盖 z 变换定义、典型序列的 z 变换，z 变换的收敛域，逆 z 变换，z 变换的基本性质，利用 z 变换解差分方程的方法以及离散时间系统的系统函数。书中附有丰富的图示与习题，逐步深入，便于读者全面理解信号与系统的理论。

本书特点鲜明，通俗易懂。首先，本书注重基本概念和基本原理。在介绍具体分析方法和技术之前，先强调基本概念和基本原理的掌握，这一原则贯穿全书始终。其次，在内容的编排上，由易到难，逐步深入。对于较为抽象的理论知识，辅以直观的图形和实例帮助学生理解，力求使不同背景的学生都能跟上学习的节奏。最后，为了让读者能够更好地理解和掌握信号与系统的知识，每个章节都配有大量的习题，这些习题不仅有助于检验学习效果，而且还是进一步巩固和提高的重要手段。

本书是工程技术相关领域人员的必备读物，也可供电子、通信、自动化、计算机等领域人员使用，还可作为各类院校有关专业师生的参考书，既适合专业人士，也适合对信号与系统感兴趣的普通读者。总的来说，本书是一部兼具理论和实践价值的教材，对于从事工程技术、科研、系统分析及相关学术研究的人员来说，具有一定的参考价值。

本书由肇庆学院电子与电气工程学院教师范羽主编，吴海涛、陈荣荣、任瑾、薛午阳、周艳等共同研讨了结构和内容，并校阅了部分书稿。

本书力求内容系统完备、逻辑严密、条理分明，论述深入浅出、通俗易懂，以便广大读者能够轻松理解并掌握相关知识。然而，鉴于作者自身水平有限，书中难免存在不足，衷心希望广大同行能够不吝赐教，及时予以指正，共同推动学术研究的进步与发展。

作者

2024 年 8 月

目　录

第 1 章 信号与系统的基本概念

在现代科技的发展中，信号与系统理论扮演着至关重要的角色。无论是手机上的通信信号、家庭音响中的声音处理，还是医疗设备中的生物信号分析，信号与系统的基本原理都贯穿了这些技术的方方面面。

本章主要介绍信号与系统的基本概念，具体包括引言、信号的描述和分类、奇异信号、系统模型及其分类、线性时不变系统的特性、系统分析方法等六部分内容。

1.1　引言

在广阔无垠的宇宙中，所有事物皆处于持续不断的运动状态。无论何种物质，其运动或状态的变化，均可视作一种信号传递。这种信号是物质运动的直接体现，是对其运动状态的一种深刻反映。举例来说，雷电发生时，会形成声信号与光信号；机械在振动时，会产生力信号、位移信号及噪声信号；大脑与心脏在进行生理活动时，分别产生脑电信号与心电信号；在电气系统中，随着系统参数的变动，电磁信号便随之产生。这些信号不仅揭示了物质的运动规律，也为人们的科学研究和技术应用提供了重要依据。

信号在通信系统中扮演着传递各种消息的重要角色。所谓消息，就是通过一定的方式进行传递的声音、文字、图像、符号等信息。这些信息可以通过多种方式进行传递，如在电话中传递的声音，在电报中传递的电文，在电视系统中传递的图像，在雷达中测量出的目标距离、方位、速度等数据，这些都是消息的体现。通过这些消息的传递，接收者可以获得各种各样的信息。

消息在大多数情况下并不适合直接进行传输，这是由于消息本身具有一定的复杂性。因此，人们需要借助一些转换设备，将这些复杂的消息转换成易于传输的电信号。这些电信号通常表现为随时间变化的电压或者电流等电学量，这种变化与语言的声音变化或者图画的色光变化等是相对应的。也就是说，这些电学量的变化，实际上是对消息中包含的信息进行了一种编码。这种编码方式，使电压或电流的变化分别对应声音、图画及编码等不同的消息，从而使信号包含消息中所含有的信息。通过这样的转换可以使消息的传输变得更加高效。

所谓系统，是一种由多个相互关联、相互依赖的单元所构成的整体，具备一种或多种特定的功能。这一概念具有广泛的适用性，既包括人类智慧所创造的系统，也涵盖自然界中存在的系统；既包含非物理的抽象系统，也涉及纯粹的物理系统。举例来说，交通运输网络、计算机网络、水利灌溉系统等是人类智慧结晶的人工系统，而生物体内的动物神经组织、复杂的生态系统及广为人知的太阳系均属于自然系统的范畴。在非物理系统领域，常见的有生产管理系统、经济组织等，而在物理系统的范畴内，常见的有电力系统、通信系统、机械系统等。这些系统的单元大小和复杂程度各不相同，有的可能非常简单，有的则可能极为复杂。例如，仅需一个电阻和一个电容，就能组合成一个具备基本微分或积分功能的简单系统，而将通信系统、控制系统、计算机系统与指挥系统等多个系统相互结合，就能构成一个用于宇宙航行的复杂综合系统。

信号与系统之间存在着极其紧密的关联，这种关联体现在信号的传输和处理过程中，该过程必须通过一个由众多具备不同功能的单元组成的复杂系统来实施。这个系统通过各种单元的协同作用，完成对信号的传输、加工、转换等任务，从而确保信号中所包含的信息能够被有效地传递和处理。与此同时，如果系统中没有了信号，那么系统本身也就失去了存在的价值和意义。

一般来说，一个系统的主要职能就是接收输入信号，通过一系列的加工处理或者变换，最终输出一个全新的信号。因此，从某种角度上来看，系统其实就是一个信号的转换器，或者是一个信号的处理设备。它能够将输入的信号，无论是模拟信号还是数字信号，通过各种算法和处理，转化为另一种形式的信号，以满足用户的需求。在这个过程中，系统可能会对信号进行放大、缩小、滤波、编码、解码等操作，以达到预定的输出效果。因此，系统既是一个简单的信号转换器，也是一个高度集成的信号处理平台。

通常系统可以用如图 1-1 所示的框图表示。

图 1-1　系统的框图表示

信号与系统的概念在众多学科和工业领域内都有着广泛而深远的影响。在通信领域，信号处理与系统分析是实现高效数据传输和接收的基础，它们确保了信息通过各种媒介安全且准确地传递。在计算机科学领域，系统理论为操作系统的设计、网络结构和数据处理提供了理论基础，使计算机能够高效稳定地运行。物联网为一个新兴领域，其核心在于各种设备的互联互通，信号与系统理论为其提供了实现设备之间有效通信的关键技术。在电气控制领域，信号与系统的研究为电机控制、信号调节及自动化系统的设计提供了理论支撑，保证了电力系统的稳定性和电能的高效利用。在空气动力学领域，对飞行器进行精确的信号处理与系统分析，能够优化飞行性能，提高飞行的安全性和稳定性。在声学领域，信号处理技术被用于噪声控制和声音增强，从而改善声音质量，以满足音频工程的需求。在生物工程领域，信号与系统理论的应用使生物医学信号的处理和解析变得更加精准，这对于疾病的诊断和治疗具有重要意义。在图像处理领域，系统理论为图像的获取、处理和分析提供了数学基础，使图像能够在各种应用中被有效识别和利用。

信号与系统的理论和方法不仅在上述领域中发挥着核心作用，其应用范围还在不断拓展到更多新兴领域。这些理论和方法为科学家和工程师提供了一套强有力的工具，以解决从微观到宏观的各种复杂问题，推动科技进步和社会发展。

1.2　信号的描述和分类

1.2.1　信号的描述

信号的描述指如何对信号进行准确而规范的表示。信号的描述方法具有多样性，其中较为常见且广泛应用的信号表示方式主要包括以下几种。

1. 函数表达式

信号为一种随时间变化的物理量，其特性可以通过精确的时间函数进行描述。这种描述方式实质上是将信号转化为数学函数的表示形式，从而实现对信号特性的准确刻画。通过应用不同的函数来定义和描述信号，实际上是在表示这些信号所携带的不同信息。在本书的论述中，为了方便讨论，将"信号"与"函数"两个专业术语进行等价处理。

2. 波形图

在描述信号的变化特性时，可以通过绘制其对应的函数图像，即波形图来实现。波形图作为一种直观的展示方式，能够清晰地呈现信号随时间 t 的变化情况。例如，正弦信号和单边指数信号的波形如图 1-2 所示。

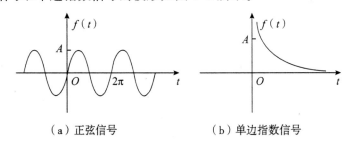

（a）正弦信号　　　　　　　（b）单边指数信号

图 1-2　正弦信号和单边指数信号的波形

3. 频谱图

通过系统的频域分析过程，可以获得信号在频域中的数学表达式，并据此绘制出信号的频谱图。频谱图作为信号分析的重要输出，直观展示了信号随频率变化的详细情况，为后续的信号处理提供了关键信息。

1.2.2　信号的分类

根据信号的基础的物理属性、数学特征、应用的领域等，信号可以被细分为多种类型，每种类型都有其独特的性质和用途。如果依据信号的物理属性来进行分类，那么信号可以大致划分为电信号、光信号及声信号等类型。按照信号的数学特征，可以将其区分为奇信号和偶信号。此外，如果根据信号的应用目的来进行分类，那么不同的信号被设计用于实现各种不同的功能。例如，电视信号被用来传输视频和音频信息，雷达信号主要用于探测和跟踪物体，而通信信号则是为了在人与人之间或者人与机器之间进行信息的传递。上述只是信号分类的一部分，实际上，根据不同的研究目的和应用背景，信号的分类方法还有很多。在信号与系统的分析中，以下分类方法为人们提供了研究信号的有力工具，使人们能够根据不同的需求和特性来选择和处理信号。

1. 确定性信号和随机信号

信号可以根据其变化规律被分为确定性信号和随机信号两种基本类型。

确定性信号是指那些可以用一个明确的数学函数来描述的信号。对于这类信号，给定任何特定的时间点 t，都有一个确切的函数值与之对应。因此确定性信号的值在任何给定的时刻都是已知的，并且可以通过数学表达式精确计算。正弦波和余弦波是确定性信号的典型例子，它们具有周期性和可预测性。确定性信号也被称为规则信号，因为其遵循一定的数学规律，如周期性、线性或其他已知的数学属性。

随机信号不能通过单一的确定性函数来描述。在随机信号中，即使给定了自变量的值，函数值也具有不确定性、不可预测性。这种不确定性可能来源于多种因素，如信号在传输过程中受到的干扰、噪声、其他外部影响。这些干扰和噪声通常是随机的，因此随机信号的分析通常需要依赖于统计学方法。通过使用概率分布、均值、方差等统计工具，可以描述随机信号的特性，即使不能为它们提供一个确定的数学模型。

在实际应用中，确定性信号和随机信号的概念非常重要。例如，在通信系统中，信号在传输过程中可能会受到随机噪声的影响，这就需要使用随机信号分析方法来评估信号的质量和可靠性。而在音频处理中，音乐信号可以被视为确定性信号，因为它们具有可预测的波形和结构，而背景噪声则可以被视为随机信号。

本书只讨论确定性信号及其通信系统的基本概念和基本分析方法。

2. 周期信号和非周期信号

确定性信号又可以分为周期信号和非周期信号。

周期信号是指每隔一定时间按相同规律重复变化的信号。若信号在一定时间重复出现，且具有明确的周期，则这类信号是周期信号。周期信号在每个周期内的信号特性相同，如图 1-3 所示的方波与正弦波都属于周期信号。

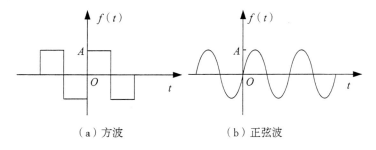

（a）方波　　　　　　　（b）正弦波

图 1-3　方波与正弦波

周期信号的函数表达式可以写作

$$f(t) = f(t+nT) , \quad n=0, \pm1, \pm2, \cdots \tag{1-1}$$

满足此关系的最小 T 值称为信号的周期。只要给出此信号在任意周期内的变化过程便可确定它在任意时刻的数值，例如正弦信号等。若周期信号的周期 T 值趋于无穷大，则为非周期信号。

非周期信号不具备周期性，换言之，若信号在一定时间不重复出现，则为非周期信号。非周期信号通常具有随机或不规则的变化，例如矩形信号等。

【例题 1.1】判断信号 $f(t) = \sin(\pi t) + 2\cos(2t)$ 是不是周期信号，如果是，确定其周期。

解：对于 $\sin(\pi t)$，其角频率 $\omega_1 = \pi$，因此 $\sin(\pi t)$ 的周期 T_1 为 $T_1 = \dfrac{2\pi}{\omega_1} = \dfrac{2\pi}{\pi} = 2$。

对于 $2\cos(2t)$，其角频率 $\omega_2 = 2$，因此 $2\cos(2t)$ 的周期 T_2 为 $T_2 = \dfrac{2\pi}{\omega_2} = \dfrac{2\pi}{2} = \pi$。

由于 $\dfrac{T_1}{T_2} = \dfrac{2}{\pi}$ 是一个无理数，因此信号 $f(t)$ 没有公共周期，是非周期信号。

【例题 1.2】判断信号 $f(t) = \sin(2t) + \cos(3t)$ 是不是周期信号，如果是，确定其周期。

解：对于 $\sin(2t)$，其角频率 $\omega_1 = 2$，因此 $\sin(2t)$ 的周期 T_1 为 $T_1 = \dfrac{2\pi}{\omega_1} = \dfrac{2\pi}{2} = \pi$。

对于 $\cos(3t)$，其角频率 $\omega_2 = 3$，因此 $\cos(3t)$ 的周期 T_2 为 $T_2 = \dfrac{2\pi}{\omega_2} = \dfrac{2\pi}{3}$。

由于 $\dfrac{T_1}{T_2} = \dfrac{\pi}{\dfrac{2\pi}{3}} = \dfrac{3}{2}$ 是一个有理数，因此信号 $f(t)$ 是周期信号，其周期 T 为 $T = 3T_2 = 2T_1 = 2\pi$。

3. 连续信号和离散信号

根据信号的时间函数取值的连续性与离散性，信号可以被划分为连续时间信号和离散时间信号，通常简称连续信号和离散信号。

连续信号是指在时间范围内没有间断的信号，即信号的值在时间范围内的任何点上都有定义。对于任意时间值都可给出确定的函数值，此信号就称为连续信号，如图 1-4 所示。

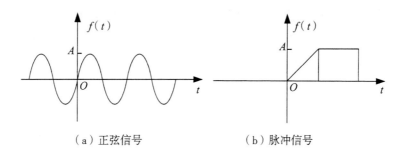

（a）正弦信号　　　　　　　　　（b）脉冲信号

图 1-4　连续信号

连续信号的幅值可以是连续的，也可以是离散的（只取某些规定值）。时间和幅值都连续的信号又称为模拟信号。在实际应用中，模拟信号与连续信号两个名词往往不予区分。

连续信号在现实生活中非常常见，如声道产生的语音信号、乐器发出的乐音信号、连续测量的温度曲线等，都是典型的连续信号。声道产生的语音信号是一种随时间连续变化的声音波形，音频信号的连续性确保了声音的自然表现；乐器发出的乐音信号也是一种连续信号，因为乐器的振动产生的声音波形在时间上是连续的；温度曲线在连续的时间点上记录了温度的变化，这也是一个连续信号的例子，它提供了温度随时间变化的详细信息。

与之相对的是离散信号，这类信号在时间上是离散的，即信号值只在特定的时间点上有定义。换言之，若信号的自变量只在某些离散的时刻取值（这些离散点在时间轴上既可以是均匀分布的，也可以是不均匀分布的），在其他时刻没有定义，则该信号是离散信号。离散信号的自变量常用整数表示，如图 1-5 所示。离散信号的函数值取值可以连续，也可以离散。若离散信号的值只能取某些规定的数值，则又称为数字信号，如图 1-5（b）所示，函数值 $f(n)$ 只取 0 或 1 两个数值，因此它是数字信号。

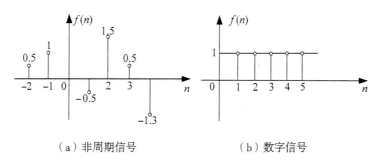

（a）非周期信号　　　　　　　　（b）数字信号

图 1-5　离散信号

离散信号在现实生活中也很常见。例如，银行的利率信息通常是在固定时间间隔（如每日、每周）发布的，这些信息可以用离散的时间点表示；股票价格指数在每个交易日结束时都会被记录，形成离散信号；按年度或月份统计的人口数量、国民生产总值等经济数据也是离散信号，因为这些数据是在特定的时间间隔（例如一年或一个月）收集的。

数字计算机处理的是离散信号，因为计算机在处理数据时通常以离散的形式存储和操作数据。当需要处理的信号是连续信号时，首先需要将其转换为离散信号，这个过程称为抽样或采样。抽样是将连续信号在特定时间间隔下取样，从而形成离散信号的过程。时间变量为离散的、函数值为连续的信号为抽样信号，如图1-6所示。

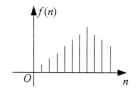

图1-6　抽样信号

抽样信号是从连续信号中每隔一定时间抽取一系列离散样值而得到的信号，抽样信号属于离散信号。抽样对于数字信号处理至关重要，因为它使得计算机能够对实际的连续信号进行数字化处理、存储和分析。因此，抽样不仅是实现数字信号处理的基础，也是桥接连续信号与离散信号的关键步骤。

【例题1.3】图1-7、图1-8为信号波形图，判断下列信号是连续信号还是离散信号，如果是离散信号，再判断是不是数字信号。

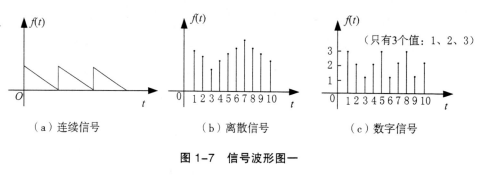

图1-7　信号波形图一

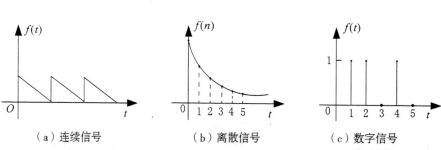

图1-8　信号波形图二

　　解：判断某信号是连续信号还是离散信号，关键看时间变量 t 是否连续。如图 1-7（a）所示的信号的时间 t 取值连续，因此它为连续信号。如图 1-7（b）、图 1-7（c）所示的信号的时间取值是离散的，因此它们属于离散信号，其中如图 1-7（c）所示的信号的函数值只有 1、2、3，即函数值取值也是离散的，因此如图 1-7（c）所示的波形图是数字信号。

　　如图 1-8（a）所示的信号的时间变量和函数值均为连续的，所以它是连续信号。如图 1-8（b）所示的信号的时间变量为离散的，函数值为连续的，因此它是离散信号，同时也是抽样信号。如图 1-8（c）所示的信号的时间变量为离散的，幅值也是离散的，因此它既是离散信号也是数字信号。

　　4. 能量信号、功率信号和非功非能信号

　　按照信号的总能量 E 和平均功率 P 划分，可以将信号分为能量信号、功率信号和非功非能信号。连续信号 $f(t)$ 的总能量 E 和平均功率 P 分别为

$$E=\int_{-\infty}^{+\infty}\left|f(t)\right|^2 \mathrm{d}t \qquad （1-2）$$

$$P=\lim_{T\to\infty}\frac{1}{T}\int_{-T/2}^{+T/2}\left|f(t)\right|^2 \mathrm{d}t \qquad （1-3）$$

　　在信号分析领域，信号 $f(t)$ 的分类依据是其能量和功率特性。如果一个信号 $f(t)$ 具有有限的总能量 E，并且其平均功率 P 为零，那么这样的信号就被定义为能量信号。这类信号在数学上通常表现为冲激函数或其持续时间极其短暂，它们能够在极短的时间内释放出全部的能量。例如，一个理想的冲激函数可以在瞬间释放出有限的能量，然后迅速归零。这种信号在实际应用中虽然难以实现，但在理论分析中具有重要意义。

　　如果信号 $f(t)$ 拥有无限的总能量，但其平均功率 P 是有限的，那么这样的信号被称为功率信号。这类信号在通信领域具有极其重要的地位，因为它们代表了持续传输的信号。在这些信号中，尽管能量是无限的，但功率却是恒定的，这意味着信号可以在无限长的时间内稳定地传输能量。例如，正弦波就是典型的功率信号，它可以在理论上无限期地持续下去，且其功率保持不变。

　　如果一个信号既具有无限的总能量也具有无限的平均功率，这种信号则被归类为非功非能信号。这类信号在实际应用中较为罕见，但在理论上具有一定的研究价值。它们既不符合能量信号的定义，也不符合功率信号的定义，因此在信号分析中通常被单独分类。非功非能信号的存在表明信号的分类并不是绝对的，而是根据其特定的能量和功率特性进行划分的。

对于周期为 T 的周期信号，信号的平均功率是它在每个周期上的平均功率，即

$$P = \frac{1}{T}\int_0^T |f(t)|^2 \, dt \qquad (1\text{-}4)$$

一般地，周期信号的能量随着时间的增加可以趋于无限，但平均功率可以是有限的，所以，无限时间上的周期信号是功率信号。而非周期信号按照其能量与平均功率可以分为能量信号、功率信号和非功非能信号三种。

【例题 1.4】判断信号 $f(t) = 10\cos(3t - \theta)$ 是能量信号还是功率信号。

解：由式（1-2）和式（1-3）可以求得信号的总能量和平均功率。

$$E = \lim_{T\to\infty}\int_{-\frac{T}{2}}^{\frac{T}{2}} 100\cos^2(3t-\theta)dt = \lim_{T\to\infty} 50\int_{-\frac{T}{2}}^{\frac{T}{2}}\big[\cos(6t-2\theta)+1\big]dt = \lim_{T\to\infty} 50\int_{-\frac{T}{2}}^{\frac{T}{2}}dt = \lim_{T\to\infty} 50T = \infty$$

$$P = \lim_{T\to\infty}\frac{1}{T}\int_{-\frac{T}{2}}^{\frac{T}{2}} f^2(t)dt = \lim_{T\to\infty}\frac{1}{T} 50T = 50 \,(\text{W})$$

由于信号 $f(t)$ 的能量是无限的，平均功率是有限的，因此信号 $f(t)$ 是功率信号，功率为 50 W。

5. 一维信号和多维信号

一维信号是指只涉及一个自变量的信号。在实际应用中，这个自变量通常是时间，因此一维信号可以表示为一个随时间变化的函数。例如，语音信号可以被视作声压随时间变化的函数，即 $s(t)$，其中 t 是时间；$s(t)$ 是在时间 t 的声压值。在这种情况下，信号在时间轴上的变化就构成了一维信号。

从数学角度来看，一维信号 $s(t)$ 可以表示为一个实数或复数值的函数。它在时间轴上的每个点都有一个对应的值，这些值随着时间的变化而变化。信号的分析方法包括时域分析和频域分析。时域分析关注信号随时间的变化特性，而频域分析则通过傅里叶变换将信号转换到频域，揭示其频率成分和周期性特征。

与一维信号相比，二维信号涉及两个自变量。在图像处理领域，黑白图像可以作为一个二维信号来处理。在这种情况下，每个像素点的光强度值可以视作一个二维平面坐标系中的函数 $I(x, y)$，其中 x 和 y 分别是图像的水平和垂直坐标。这个函数描述了在位置 (x, y) 处的光强度值，因此黑白图像是一个典型的二维信号。在数学上，二维信号 $I(x, y)$ 可以表示为一个矩阵，每个元素对应于图像上的一个像素点。对这种信号的处理包括图像滤波、边缘检测和图像压缩等。在实际应用中，二维信号的分析往往涉及空间域和频域的转换，即通过傅里叶变换或小波变换等方法来提取和处理图像中的信息。

在更复杂的应用中，信号可能涉及更多的变量。例如，当考虑电磁波的传播

时，人们不仅需要考虑空间中的三维坐标 (x, y, z)，还需要考虑时间 t 变量。在这种情况下，信号可以表示为一个四维函数 $E(x, y, z, t)$ 或 $B(x, y, z, t)$，其中 E 和 B 分别表示电场强度和磁场强度。

四维信号的分析需要处理更高维度的数据，这对计算和存储提出了更高的要求。例如，在无线电通信中，分析和处理四维信号可以帮助人们理解电磁波的传播特性、反射和折射现象，从而优化信号的传输和接收。

在医学成像领域，多维信号也有重要应用。例如，磁共振成像（Magnetic Resonance Imaging, MRI）产生的图像是三维的，每个像素点都有一个对应的灰度值，这些图像可以用来分析人体内部的结构。更进一步，四维 MRI（包括时间维度）可以用于观察动态变化的生理过程，如心脏的跳动、血流的变化。

在实际应用中，一维信号的处理和分析是信号处理领域的核心任务之一。语音信号是一种典型的一维信号，通过对语音信号的分析，可以实现语音识别、语音合成和噪声抑制等功能。语音信号处理技术广泛应用于电话系统、语音助手和语音翻译等领域。音乐和音效信号也属于一维信号。通过对音频信号的分析，可以实现音质优化、音效增强和音乐信息检索等功能。音频信号处理在广播和娱乐等领域有着重要应用。心电图（Electrocardiogram, ECG）和脑电图（Electroencephalogram, EEG）信号属于生物信号的一维信号，对这些信号的分析可以用于疾病诊断和健康监测。例如，ECG 信号可以帮助检测心律失常，EEG 信号可以帮助诊断癫痫等神经系统疾病。在经济学、气象学和工程学中，时间序列信号是常见的一维信号。时间序列分析技术用于预测未来趋势和识别数据中的周期性模式，如股票市场预测和气象预报。

1.3　奇异信号

在信号与系统分析中，经常会遇到函数本身有不连续点（跳变点）或其导数与积分有不连续点的情况，这类函数统称奇异函数或奇异信号。

通常，人们研究的典型信号都是一些抽象的数学模型，这些信号与实际信号可能有差距。但是，只要把实际信号按某种条件理想化，即可运用理想模型进行分析。奇异信号包括斜变信号、阶跃信号、冲激信号和冲激偶信号四种，其中阶跃信号与冲激信号是两种重要的理想信号模型。

1.3.1 斜变信号

斜变信号是一种具有特性的信号类型，它在时间轴上表现出逐渐增加或逐渐减少的趋势，呈现出明显的线性变化特征。这种信号在信号处理和通信系统中扮演着重要的角色，因为它能够有效地描述和模拟信号在时间维度上的线性增长或衰减过程。斜变信号的基本形态使其成为分析和设计各种电子系统时不可或缺的一部分，无论是用于信号的生成、传输还是接收，斜变信号都提供了重要的参考和依据。

如果增长的变化率是 1，就称作单位斜变信号，其波形如图 1-9 所示，表达式为

$$f(t) = \begin{cases} 0, & t < 0 \\ t, & t \geq 0 \end{cases} \qquad (1-5)$$

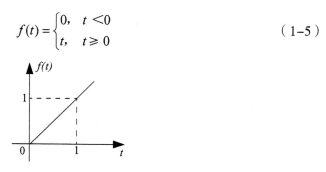

图 1-9　单位斜变信号波形

单位斜变信号可以视为单位阶跃信号的积分；反之，单位阶跃信号可以视为单位斜变信号的导数。

1.3.2 阶跃信号

单位阶跃信号在数学和信号处理中是一个基础且重要的概念。它描述了一个在 $t=0$ 时刻从 0 突变为 1 的信号。这种信号通常用符号 $u(t)$ 表示。单位阶跃信号是一个分段函数，其数学表达式为

$$u(t) = \begin{cases} 0, & t < 0 \\ 1, & t > 0 \end{cases} \qquad (1-6)$$

单位阶跃信号波形如图 1-10 所示。

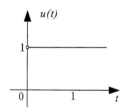

图 1-10 单位阶跃信号波形

在 $t=0$ 处，函数值发生了跳变，函数没有定义，或者可以定义为 $u(0)=\frac{1}{2}$。

如果时间推迟 $t_0(t_0 \geq 0)$ 接入电压源，那么可以用如下一个延时的单位阶跃函数表示。

$$u(t-t_0)=\begin{cases}0, & t<t_0 \\ 1, & t>t_0\end{cases} \qquad （1-7）$$

这个信号描述了一个在 $t=t_0$ 时刻发生瞬时跃变的过程。其图形通常表现为在 $t=t_0$ 时刻从 0 跃升到 1，并保持 1 不变。这个信号在图形上呈现出一个垂直的跳跃，波形如图 1-11 所示。

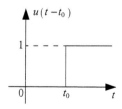

图 1-11 一个延时的单位阶跃函数波形

阶跃函数描述了信号的接入特性。

单位阶跃信号的最显著特性是它在 $t=0$ 时刻有一个瞬时的跃升。它可以被视作从 0 到 1 的一个瞬时跳变，这种特性在信号处理中非常重要。

在控制理论中，单位阶跃信号常用来分析系统的阶跃响应。系统对单位阶跃信号的响应能够揭示系统的稳定性和动态特性。

在分布理论中，单位阶跃信号的导数是单位脉冲信号 [狄拉克（Dirac）函数] $\delta(t)$，即 $\frac{\mathrm{d}}{\mathrm{d}t}u(t)=\delta(t)$。这表明单位阶跃信号的瞬时跃升可以被视作一个脉冲信号。

单位阶跃信号常用于测试和分析线性时不变系统的响应。系统对单位阶跃信号的响应被称为系统的阶跃响应，它能够提供有关系统稳定性、瞬态响应和稳态响应的重要信息。在控制系统中，单位阶跃信号用于评估系统对突然输入变化的响应，以帮助设计者理解系统的动态特性和调整控制器的参数。在电子电路分析中，单位阶跃信号用于模拟电路的瞬态响应。它可以帮助人们分析电路在开关操作或电源启动时的行为。单位阶跃信号也可以用于图像处理中的边缘检测。通过将单位阶跃信号应用于图像，能够突出显示图像中的边缘部分。在随机过程建模中，单位阶跃信号可以用来构造复杂的随机过程，例如通过将多个阶跃信号叠加可以创建不同的信号模式。

考虑一个简单的电路，其中一个开关在 $t=0$ 时刻从关闭状态突然切换到打开状态。如果用单位阶跃信号来表示这个开关的状态，那么在 $t<0$ 时刻，开关是关闭的，单位阶跃信号的值为 0；而在 $t>0$ 时刻，开关变为打开状态，单位阶跃信号的值为 1。这种表示方式可以帮助人们分析开关开启后的电路行为。

1.3.3 冲激信号

某些物理现象难以用传统的时间长度和强度描述，因为它们需要一个时间极短但幅度非常大的模型，如数字通信中的抽样脉冲、力学中的瞬时冲击、电学中的雷电等。为了应对这些特殊情况，人们引入了"单位冲激信号"的概念。这种信号可以被视为一种在时间上几乎为零，但强度为单位值的理想化数学模型。

1. 冲激信号的定义

单位冲激信号有以下几种不同的定义方式。

（1）脉冲的极限定义。在探讨脉冲的极限定义时，人们可以从矩形脉冲的概念入手。矩形脉冲可以被理解为一种具有固定作用效果（面积）的力，其作用时间与作用力的大小之间存在着一种反比关系。具体来说，当矩形脉冲的持续时间缩短时，为了保持相同的力效果，必须相应地增加脉冲的幅度。这种现象在物理学中是常见的，尤其是在分析冲击力或瞬时力时。进一步地，人们将矩形脉冲的概念扩展到单位冲激信号。单位冲激信号可以被看作一种作用效果保持不变，但作用时间趋近于零的力。在这种情况下，尽管作用时间极其短暂，但其作用效果却保持不变，这意味着力的幅度必须无限增大，以确保作用效果的恒定。通过将脉冲的持续时间不断缩短，直至趋近于零，人们便可以得到一个理想化的单位冲激信号。这种信号在数学和工程学中具有重要的应用价值，因为它提供了一种描述瞬时事件的理想化模型。

在如图 1-12 所示图形中，矩形脉冲 $f(t)$ 的宽度为 τ，幅度为 $1/\tau$，面积为 1。如果保持矩形脉冲的面积不变，当脉冲宽度 τ 趋于零时，脉冲幅度 $1/\tau$ 必将趋于无穷大，此极限即为单位冲激信号，通常记为 $\delta(t)$ ，又称为 δ 函数，用箭头表示。

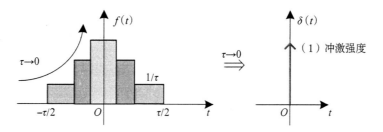

图 1-12　单位冲激信号

故冲激函数的定义为

$$\delta(t)=\lim_{\tau \to 0}\frac{1}{\tau}\left[u\left(t+\frac{\tau}{2}\right)-u\left(t-\frac{\tau}{2}\right)\right] \tag{1-8}$$

（2）狄拉克函数定义。狄拉克给出的 δ 函数的定义方式为

$$\int_{-\infty}^{+\infty}\delta(t)\mathrm{d}t = 1$$
$$\delta(t) = 0, \quad t \neq 0 \tag{1-9}$$

该定义表明，除 $t=0$ 是它的一个不连续点外，其余点的函数值均为零，且整个函数对应的面积为 1。显然，狄拉克函数定义和上面的脉冲极限定义是一致的。

若冲激是在任一点 $t=t_0$ 处出现的，则其定义为

$$\int_{-\infty}^{+\infty}\delta(t-t_0)\mathrm{d}t = 1$$
$$\delta(t-t_0) = 0, \quad t \neq t_0 \tag{1-10}$$

其函数图形如图 1-13 所示。

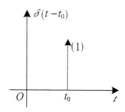

图 1-13　延时的冲激函数

2. 单位冲激信号的性质

（1）加权性。如果一个连续信号 $f(t)$ 在 $t=0$ 处连续，那么当 $f(t)$ 与单位冲激信号 $\delta(t)$ 相乘时，可以得到 $f(t)\cdot\delta(t)$ ，由于 $\delta(t)$ 仅在 $t=0$ 处有值，其他地方为零，这样的乘积可以简化为 $f(t)\cdot\delta(t) = f(0)\cdot\delta(t)$ 。$f(0)$ 是信号 $f(t)$ 在 $t=0$ 时的值，因此 $\delta(t)$ 对 $f(t)$ 的作用是提取 $f(t)$ 在 $t=0$ 时刻的值，并用这个值对冲激信号进行加权。

当连续信号 $f(t)$ 在 $t=t_0$ 处连续时,加权性可以扩展到其他时刻。对于单位冲激信号 $\delta(t-t_0)$,有 $f(t)\cdot\delta(t-t_0)$ 。因为 $\delta(t-t_0)$ 仅在 $t=t_0$ 处有值,其他地方为零,因此 $f(t)\cdot\delta(t-t_0)=f(t_0)\cdot\delta(t-t_0)$ 。这表明单位冲激信号 $\delta(t-t_0)$ 在 $t=t_0$ 时刻提取了 $f(t)$ 的值 $f(t_0)$,并用这个值对冲激信号进行了加权。

单位冲激信号的加权性在信号处理、系统分析及控制理论等领域中扮演着至关重要的角色。通过利用单位冲激信号,人们可以深入分析一个系统对冲激信号的响应情况,进而推导出该系统的响应特性。这种分析方法在理解系统动态行为和设计控制系统时具有极其重要的意义。

在信号处理领域,单位冲激信号的加权性使人们能够通过分析系统对冲激信号的响应来揭示系统的内在特性。这种分析方法不仅有助于人们理解系统的频率响应和时域特性,还能帮助人们设计更加高效的滤波器和控制器。在系统分析中,单位冲激信号的加权性同样具有广泛的应用。通过对系统进行冲激响应分析,可以获得系统的脉冲传递函数,进而推导出系统的稳定性和可控性等重要特性。这种分析方法在控制系统设计和稳定性分析中具有不可替代的作用。在控制理论中,单位冲激信号的加权性同样发挥着重要作用。通过分析系统对冲激信号的响应,可以推导出系统的传递函数和状态空间模型,进而进行系统设计和性能优化。这种方法在现代控制理论中具有广泛的应用,特别是在状态反馈和观测器设计中。在数字信号处理领域,单位冲激信号的加权性同样具有重要的应用价值。通过利用单位冲激信号对连续信号进行抽样,可以将连续信号离散化,从而便于在数字系统中进行处理。这种方法不仅简化了信号处理过程,还提高了信号处理的灵活性和可扩展性。

单位冲激信号在连续信号上的加权性是理解其抽样和系统分析能力的关键。通过对 $\delta(t)$ 和 $\delta(t-t_0)$ 的理解,人们能够有效地提取信号在特定时刻的值,并利用这些信息进行更复杂的分析。

(2)抽样性。单位冲激信号的一个重要特性是抽样性(筛选性)。这一特性使人们能够通过单位冲激信号提取出连续信号在特定时刻的值。抽样性是指如果 $f(t)$ 为连续信号,那么 $\int_{-\infty}^{+\infty}f(t)\delta(t-t_0)\mathrm{d}t=f(t_0)$,以下为证明过程。

对于一个连续信号 $f(t)$,可以通过以下积分操作来提取 $f(t)$ 在 $t=0$ 处的值。对信号 $f(t)$ 和单位冲激信号 $\delta(t)$ 的乘积进行积分 $\int_{-\infty}^{+\infty}f(t)\delta(t)\mathrm{d}t$,由于单位冲激信号 $\delta(t)$ 仅在 $t=0$ 处有非零值,在其他位置为零,因此 $\int_{-\infty}^{+\infty}f(t)\delta(t)\mathrm{d}t=f(0)\int_{-\infty}^{+\infty}\delta(t)\mathrm{d}t$ 。

由于 $\int_{-\infty}^{+\infty}\delta(t)\mathrm{d}t=1$,所以 $\int_{-\infty}^{+\infty}f(t)\delta(t)\mathrm{d}t=f(0)\cdot 1=f(0)$ 。

对于移位单位冲激信号 $\delta(t-t_0)$，它在 $t=t_0$ 处具有非零值。对信号 $f(t)$ 与 $\delta(t-t_0)$ 的乘积进行积分 $\int_{-\infty}^{+\infty} f(t)\delta(t-t_0)\mathrm{d}t$，由于 $\delta(t-t_0)$ 仅在 $t=t_0$ 处有非零值，因此 $\int_{-\infty}^{+\infty} f(t)\delta(t-t_0)\mathrm{d}t = f(t_0)$。

在实际应用中，单位冲激信号的抽样性可以用于确定系统的冲激响应，了解系统如何对冲激信号作出反应。

（3）奇偶性。$\delta(t)$ 是偶函数，即 $\delta(t)=\delta(-t)$，以下为证明过程。

考虑对任意函数 $f(t)$ 和单位冲激信号 $\delta(-t)$ 的乘积进行积分 $\int_{-\infty}^{+\infty} f(t)\delta(-t)\mathrm{d}t$，再进行换元变换，即令 $\tau=-t$，那么 $\mathrm{d}\tau=-\mathrm{d}t$。

将积分变量变换为 τ，得到 $\int_{-\infty}^{+\infty} f(t)\delta(-t)\mathrm{d}t = \int_{-\infty}^{+\infty} f(-\tau)\delta(\tau)(-\mathrm{d}\tau) = -\int_{-\infty}^{+\infty} f(-\tau)\delta(\tau)\mathrm{d}\tau$。

根据单位冲激信号的抽样性，积分结果为 $\int_{-\infty}^{+\infty} f(-\tau)\delta(\tau)\mathrm{d}\tau = f(0)$，因此 $\int_{-\infty}^{+\infty} f(t)\delta(-t)\mathrm{d}t = -f(0)$。

根据单位冲激信号的定义 $\int_{-\infty}^{+\infty} f(t)\delta(t)\mathrm{d}t = f(0)$，比较两者结果，得到 $\int_{-\infty}^{+\infty} f(t)\delta(-t)\mathrm{d}t = \int_{-\infty}^{+\infty} f(t)\delta(t)\mathrm{d}t$。

这表明 $\delta(t)$ 与 $\delta(-t)$ 的积分结果相同，即 $\delta(t)=\delta(-t)$。因此，单位冲激信号 $\delta(t)$ 是偶函数。

利用单位冲激信号的脉冲极限定义同样可以验证其偶性。单位冲激信号可以被视为一系列对称的脉冲信号的极限。

由于这些脉冲信号在对称位置具有对称性，因此 $\delta(t)$ 在脉冲极限中也保留了这种对称性，即 $\delta(t)=\delta(-t)$。

单位冲激信号 $\delta(t)$ 是偶函数，这一特性简化了信号处理和系统分析中的许多计算和理论推导。

（4）尺度变换性。尺度变换性指的是，当对信号的自变量进行缩放时，信号本身进行相应的调整。单位冲激信号在尺度变换下的行为可以表示为 $\delta(at) = \dfrac{1}{|a|}\delta(t)$，式中，$a$ 是一个非零常数。这个公式说明，当单位冲激信号的时间尺度被改变时，其幅值会按比例缩放，以保持总面积不变。假设对单位冲激信号 $\delta(t)$ 进行尺度变换，将其自变量变为 at，得到新的信号 $\delta(at)$。那么要证明，这种变换会导致单位冲激信号幅度的调整，其形式为 $\delta(at) = \dfrac{1}{|a|}\delta(t)$，考虑对

积分 $\int_{-\infty}^{+\infty} f(t)\delta(at)\mathrm{d}t$ 进行变量替换。设 $at = x$，则 $t = \dfrac{x}{a}$，$\mathrm{d}t = \dfrac{1}{a}\mathrm{d}x$。将这些替换代到积分中，得到 $\int_{-\infty}^{+\infty} f(t)\delta(at)\mathrm{d}t = \int_{-\infty}^{+\infty} f\left(\dfrac{x}{a}\right)\delta(x)\dfrac{1}{a}\mathrm{d}x$。根据抽样性质，有 $\int_{-\infty}^{+\infty} f\left(\dfrac{x}{a}\right)\delta(x)\mathrm{d}x = f\left(\dfrac{0}{a}\right) = f(0)$。

由于 $\int_{-\infty}^{+\infty} f(t)\delta(t)\mathrm{d}t = f(0)$，所以 $\int_{-\infty}^{+\infty} f(t)\delta(at)\mathrm{d}t = \dfrac{1}{a}f(0)$。综合上述结果，可以得到 $\int_{-\infty}^{+\infty} f(t)\delta(at)\mathrm{d}t = \dfrac{1}{a}\int_{-\infty}^{+\infty} f(t)\delta(t)\mathrm{d}t$。

为了确保单位冲激信号的幅度调整是合理的，考虑绝对值 $|a|$ 的影响，以确保幅度非负。因此，最终结果为 $\delta(at) = \dfrac{1}{|a|}\delta(t)$。

3. 单位冲激信号与单位阶跃信号之间的关系

单位阶跃函数 $u(t)$ 可以通过对单位冲激函数 $\delta(t)$ 进行积分求得，即 $u(t) = \int_{-\infty}^{t} \delta(\tau)\mathrm{d}\tau$。在 $t < 0$ 时，积分区间在冲激函数的零值区域内，因此 $u(t) = 0$。而在 $t \geq 0$ 时，积分区间包含了 $t = 0$，因此 $u(t) = 1$。这反映了单位冲激函数在 $t = 0$ 处带来的单一冲激对单位阶跃函数的影响。

反之，单位冲激函数 $\delta(t)$ 是单位阶跃函数 $u(t)$ 的导数，即 $\delta(t) = \dfrac{\mathrm{d}}{\mathrm{d}t}u(t)$。

这些关系表明单位冲激信号和单位阶跃信号之间是一种互为导数与积分的关系。

当单位阶跃函数在 $t = 0$ 处经历从 0 到 1 的突变时，其导数在此点处将呈现出一个无限大（冲激）的状态。这种关系为分析系统的瞬态响应提供了数学基础。

1.3.4　冲激偶信号

1. 冲激偶信号的定义

冲激偶信号 $\delta(t)$ 是单位冲激函数的时间导数，表示为 $\delta'(t) = \dfrac{\mathrm{d}}{\mathrm{d}t}\delta(t)$，其波形如图 1-14 所示。

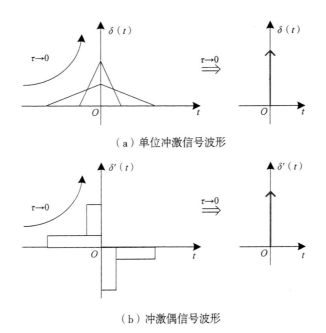

（a）单位冲激信号波形

（b）冲激偶信号波形

图 1-14　单位冲激信号波形与冲激偶信号波形

冲激偶信号在理论上代表了单位冲激函数的瞬时变化率，能够在信号和系统分析中反映对瞬时信号变化的敏感响应。

2. 冲激偶信号的性质

（1）加权性。加权性是指冲激偶信号 $\delta'(t)$ 在对一个函数 $f(t)$ 进行加权时的行为。具体的数学表达式为 $\int_{-\infty}^{+\infty} f(t)\delta'(t)\mathrm{d}t = f(0)\delta'(t) - f'(0)\delta(t)$。

当冲激偶信号 $\delta'(t)$ 作用于函数 $f(t)$ 时，积分结果由函数 $f(t)$ 在 $t=0$ 处的值 $f(0)$ 和其导数 $f'(0)$ 的加权组合组成。这个性质揭示了冲激偶信号在信号分析中的重要作用，尤其是在描述信号的瞬时变化时。

（2）抽样性。抽样性是指冲激偶信号 $\delta'(t)$ 对函数 $f(t)$ 的导数的作用。数学表达式为 $\int_{-\infty}^{+\infty} f(t)\delta'(t)\mathrm{d}t = -f'(0)$。

对于时间延迟 t_0 的冲激偶信号 $\delta'(t-t_0)$，有 $\int_{-\infty}^{+\infty} f(t)\delta'(t-t_0)\mathrm{d}t = -f'(t_0)$。

这个性质说明冲激偶信号能够有效地提取函数 $f(t)$ 在特定时刻 t_0 的导数值，并且 t_0 会影响这个抽样结果。它在处理信号的瞬态特性时尤为重要。

（3）区域面积为零。区域面积为零可以表示为 $\int_{-\infty}^{+\infty} \delta'(t)\mathrm{d}t = 0$。这一性质表明，冲激偶信号的正负部分在积分时相互抵消，从而导致总体面积为零。这反映了冲激偶信号的特殊结构，即正负两个冲激部分的面积相互平衡。

1.4 系统模型及其分类

科学领域中的每一个独立学科都拥有其独特的模型理论体系，这些模型理论是该学科研究的基础和核心。在模型的框架下，科研人员可以利用数学工具对其进行深入探究和分析，从而揭示该学科所研究现象的本质规律。为了能够对各种复杂系统进行更为深入和全面的理解，人们同样需要构建相应的系统模型。

所谓模型，实际上是对系统的物理属性和行为特征进行的一种数学抽象。这种抽象通过数学表达式、符号及理想化的图形组合来描述和表征系统的各种特性。模型的建立，旨在简化现实世界的复杂性，使人们可以通过分析和模拟模型的行为来预测和理解实际系统的动态。

在这个过程中，研究人员会选取系统中关键的变量和参数，用数学语言进行表述，从而形成一套能够反映系统主要特性的数学关系式。这些关系式构成了模型的数学基础，研究人员可以通过它们来进行计算和预测。同时，为了使模型更加直观和易于理解，人们常常会使用符号和图形来进行辅助表达，如利用理想化的图形来表示系统的各个组成部分及其相互作用。

通过这种方式，模型不仅能将复杂的现实系统简化，还能突出系统中最为重要的方面，使人们能够忽略那些次要的、复杂的因素，专注于研究问题的关键点。模型的建立和使用，是科学研究中的一种重要方法，它能够帮助人们更好地理解和预测自然界中的各种现象。

1.4.1 系统的数学模型

系统的数学模型是对系统本质特征和行为方式的一种精确的数学表达，它通过利用特定的数学关系或者由具有理想特性的符号组成的图形来对系统的功能和特性进行深入的抽象和描述。这种模型不仅能够帮助人们理解和揭示系统的工作机制，还能够为系统的设计、分析和优化提供理论基础和计算工具。为了对系统的输入输出关系进行深入的分析和理解，首先要建立一个能够准确描述系统行为的数学模型。这个模型应该能够实现对系统内部运作过程的完整描述，从而使人们能够通过对模型的运算和分析来预测系统在各种不同输入下的响应。

根据不同需要，系统模型往往具有不同形式。以电系统为例，它既可以是由理想元器件互联组成的电路图，也可以是由基本运算单元（如加法器、乘法器、积分器等）构成的模拟框图，还可以是在上述电路图、模拟框图等的基础上，按照一定规则建立的用于描述系统特性的数学方程，这种数学方程也称为系统的数学模型。

例如，由电阻器、电感线圈组成的串联回路，可抽象为如图 1-15 所示的电路图那样的模型。其中，R 代表电阻器的阻值，L 代表线圈的电感量。

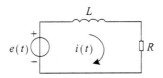

图 1-15　串联电路

若激励信号是电压源 $e(t)$，欲求解电流 $i(t)$，由元件的伏安特性与基尔霍夫电压定律（Kirchhoff's Voltage Law, KVL）可以建立如下的微分方程式。

$$L \frac{\mathrm{d}^2 i(t)}{\mathrm{d}t^2} + R \frac{\mathrm{d}i(t)}{\mathrm{d}t} + \frac{i(t)}{C} = \frac{\mathrm{d}e(t)}{\mathrm{d}t} \qquad (1-11)$$

系统数学模型建立以后，如果已知系统的起始状态及输入的激励信号，即可运用数学方法求解其响应，进行系统分析。概括地说，系统分析的过程是从实际物理问题抽象为数学模型经数学解析后再回到实际物理问题的过程。

在实际应用中，根据系统输入信号和输出信号的不同特性，可以将系统分为连续时间系统和离散时间系统两大类。当系统的激励信号是连续的，且其输出响应也是连续的时候，称这样的系统为连续时间系统。而当系统的激励信号是离散的，且其输出响应也是离散的时候，称这样的系统为离散时间系统。这两种系统在实际应用中常常需要组合使用，形成混合系统，以满足不同应用场景的需求。

对于连续时间系统，人们通常使用微分方程来描述其输入输出关系，因为微分方程能够准确地表达出连续时间系统中输出信号对输入信号的瞬时变化率。而对于离散时间系统，人们则常用差分方程来描述其输入输出关系，因为差分方程能够反映出离散时间系统中输出信号对输入信号的采样值变化情况。

此外，根据系统输入输出信号的数量，还可以将系统分为单输入单输出系统和多输入多输出系统。在单输入单输出系统中，系统的输入和输出信号都只有一个，这样的系统相对简单，但其在实际应用中的局限性较大。而在多输入多输出系统中，系统的输入和输出信号都有多个，这样的系统能够处理更加复杂的问题，但同时增加了系统分析和设计的难度。

如图 1–16 所示的单输入单输出系统，可以用一阶或高阶微分方程描述。

$$f(t) \longrightarrow \boxed{\text{系统}} \longrightarrow y(t)$$

图 1–16　单输入单输出系统

一个 n 阶系统的微分方程是

$$a_n \frac{\mathrm{d}^n}{\mathrm{d}t^n} y(t) + a_{n-1} \frac{\mathrm{d}^{n-1}}{\mathrm{d}t^{n-1}} y(t) + \cdots + a_1 \frac{\mathrm{d}}{\mathrm{d}t} y(t) + a_0 y(t)$$
$$= b_m \frac{\mathrm{d}^m}{\mathrm{d}t^m} f(t) + b_{m-1} \frac{\mathrm{d}^{m-1}}{\mathrm{d}t^{m-1}} f(t) + \cdots + b_1 \frac{\mathrm{d}}{\mathrm{d}t} f(t) + b_0 f(t) \tag{1–12}$$

一个二阶系统的微分方程是

$$a_2 \frac{\mathrm{d}^2 y(t)}{\mathrm{d}t^2} + a_1 \frac{\mathrm{d}y(t)}{\mathrm{d}t} + a_0 y(t) = b_0 f(t) \tag{1–13}$$

式中，$y(t)$ 是系统的输出；$f(t)$ 是系统的输入；a_2、a_1、a_0 和 b_0 是系统的参数。

图 1–17 为多输入多输出系统。

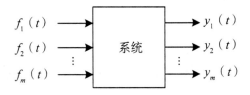

图 1–17　多输入多输出系统

多输入多输出系统常采用一阶微分方程组来描述。这种一阶微分方程组又称为状态方程，其一般形式为 $\frac{\mathrm{d}}{\mathrm{d}t} \boldsymbol{y} = \boldsymbol{Ay} + \boldsymbol{Bf}$；式中，$\boldsymbol{y}$ 是系统的状态向量；$\boldsymbol{f}$ 是输入向量；$\boldsymbol{A}$ 是系统矩阵；$\boldsymbol{B}$ 是输入矩阵；$\frac{\mathrm{d}}{\mathrm{d}t} \boldsymbol{y}$ 表示状态向量的导数。

从数学上看，高阶微分方程可以转换为一阶微分方程组，因此单输入单输出系统既可以用高阶微分方程来描述，也可以用一阶微分方程组来描述。

1.4.2　系统的模拟

除了使用数学表达式来描述系统模型外，还可以通过模拟框图来描述系统模型。模拟框图是一种利用基本运算单元来形象地表示系统功能的框图，它可以帮助人们更好地理解和分析系统的工作原理和性能。

　　描述线性时不变系统数学模型的微分方程一般包含三种运算：相加、标量相乘、微分，因此用三种基本运算器件加法器、标量乘法器、积分器，可以实现相应的运算功能。因为微分和积分互为逆运算，在实际应用中，一般用积分器而不用微分器构成基本运算单元，这主要是因为积分器的性能比微分器好，它能抑制突发干扰（噪声）信号的影响。

　　以上三种基本运算单元都可以在模拟计算机中实现，利用上述基本运算器件可以构建模拟系统，进行模拟实验。这里所说的系统模拟并不是实验室中对系统的仿制，而是数学意义上的模拟，即模拟系统与实际系统具有相同的数学模型。通过对模拟系统进行分析，并研究系统参数变化与系统输出变化的情况，可确定系统的最佳参数，进而据此来构建实际系统。

　　1. 三种模拟器件

　　（1）加法器。如图 1–18（a）所示，两个输入信号相加表示为 $y(t) = f_1(t) + f_2(t)$；n 个输入信号相加表示为 $y(t) = f_1(t) + f_2(t) + \cdots + f_n(t)$。

　　（2）标量乘法器。如图 1–18（b）所示，对输入信号进行标量乘法表示为

$$y(t) = af(t) \tag{1–14}$$

式中，a 是一个标量常数。

　　（3）积分器。如图 1–18（c）所示，对输入信号进行积分表示为 $y(t) = \int_{-\infty}^{t} f(\tau)\mathrm{d}\tau$。

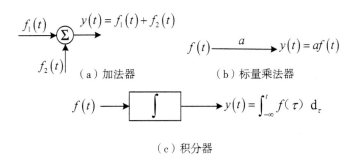

（c）积分器

图 1–18　三种基本运算器件

　　2. 系统模拟框图

　　用以上三种基本运算器件（加法器、标量乘法器、积分器）就可以描述系统的数学模型，画出系统模拟框图。用模拟框图表示一个系统的功能常常比用数学表达式更为直观。

【例题 1.5】某连续时间系统的模拟框图如图 1-19 所示，写出该系统的微分方程。

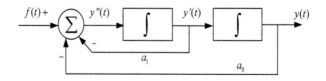

图 1-19　某连续时间系统的模拟框图

解：系统模拟框图中有两个积分器，故描述该系统的是二阶微分方程。由于积分器的输出是其输入信号的积分，因而积分器的输入信号是其输出信号的一阶导数。设图 1-19 中右方积分器的输出信号为 $y(t)$，则其输入信号为 $y'(t)$，左方积分器的输入信号为 $y''(t)$。

由加法器的输出，得 $y''(t) = -a_1 y'(t) - a_0 y(t) + f(t)$。将式中除 $f(t)$ 以外的各项移到等号左端，得 $y''(t) + a_1 y'(t) + a_0 y(t) = f(t)$。这就是描述如图 1-19 所示系统的微分方程。

1.4.3　系统的分类

系统的分类有多种方式，常常以系统的数学模型和基本特性进行划分。系统可以分为连续时间系统与离散时间系统、线性系统与非线性系统、时变系统与时不变系统、稳定系统与不稳定系统、因果系统与非因果系统、可逆系统与不可逆系统等。

1. 连续时间系统与离散时间系统

连续时间系统是一种输入和输出信号皆为连续时间形式的系统。在数学层面上，这类系统通常用微分方程来描述其运作原理和行为特征。与此相对的是离散时间系统，它的输入信号和输出信号都是以离散的采样点形式出现的。离散时间系统的数学模型通常采用差分方程来表达。例如，常见的数字计算机系统就是一个离散时间系统，因为它的信息处理和数据存储都是以离散的数字形式进行的。而一个由电阻（R）、电感（L）和电容（C）等电子元件构成的电路（RLC 电路），则是一个连续时间系统，因为其信号传输和处理是在连续的时域内进行的。

在实际应用领域，连续时间系统和离散时间系统并不是孤立存在的，它们往往会相互配合，共同构成混合系统，以满足不同的技术需求。例如，在数字通信系统中，信息的发送和接收往往涉及连续信号的采样与离散化处理，而在自动控制系统中，连续时间系统的反馈控制和离散时间系统的数字运算也常常需要集成在一起，以实现更高的控制精度和更稳定的系统性能。这种混合系统的应用，不仅丰富了系统的功能，也提高了系统的灵活性和适应性，是现代工程技术中不可或缺的一部分。

2. 线性系统与非线性系统

线性系统是由一系列线性元件构成的，这些元件之间的相互作用导致系统整体表现出齐次性和叠加性两个显著的特征。在数学层面上，连续时间线性系统可以通过一系列线性微分方程来精确描述，而在离散时间领域，相应的系统则可以通过线性差分方程来刻画。线性微分方程和线性差分方程都具备线性特性，即它们的解满足齐次性和叠加性原理。

非线性系统的特点是其元件不满足线性特性。非线性元件之间的相互作用无法用简单的线性方程来描述。非线性系统通常包含非线性元件，这些元件可能会展现出非线性的输入输出关系。非线性系统的动态行为往往比线性系统更为复杂，对它们的分析通常需要借助更为高级的数学工具和理论。因此，在工程和科学领域，当需要对系统的动态行为进行简化处理时，人们更倾向于使用线性模型，因为线性模型不但在数学处理上更为简洁，而且在很多情况下能够提供足够精确的近似解。

3. 时变系统与时不变系统

如果一个系统的特性随着时间的变化而发生相应的改变，那么就可以称这个系统为时变系统。时变系统的特点是其输入和输出之间的关系会随着时间的推移而发生变化，系统的数学模型会随时间而改变。如果一个系统的特性在时间的推移过程中保持稳定，不发生任何变化，那么就可以称这个系统为时不变系统。换句话说，如果一个系统的输入和输出之间的关系在任何时间点都保持一致，没有任何改变，那么这个系统就可以被认为是时不变的。例如，如果一个系统的数学模型在时间上不发生变化，那么这个系统就可以被归类为时不变系统。

以 RLC 电路系统为例，这是一个由电阻、电感和电容组成的电路系统。如果电路中的电阻、电感和电容的值随着时间的流逝而发生变化，例如温度变化或其他外部因素导致这些元件的参数发生变化，那么这个 RLC 电路就可以被定义为一个时变系统。在这种情况下，电路的输入和输出之间的关系会随着时间的推移而发生变化，导致相同的输入信号在不同时间点产生不同的输出响应。反之，如果电路中的电阻、电感和电容的值保持恒定，不随时间改变，那么这个 RLC 电路就可以被定义为一个时不变系统。在这种情况下，无论何时对电路施加相同的输入信号，电路的输出响应都会保持一致，不会有任何变化。

4. 稳定系统与不稳定系统

如果一个系统的输入信号始终保持在一个有限的范围内，也就是说，输入信号的幅度不会无限增长，同时系统的输出信号保持在一个有限的范围内，那么这个系统就可以被称为稳定系统。对于稳定系统来说，任何有界的输入信号都会导致有界的输出信号，系统的行为在输入变化时始终保持可控。相反地，如果系统的输出信号在面对有界输入信号时出现无限增长或不受控的情况，这个系统就被认为是不稳定的。只要存在某个有界的输入信号引发系统输出变得无限大，这样的系统就被定义为不稳定系统。稳定性是系统设计和分析中的一个关键因素，因为它确保了在实际应用中不会由输入信号的变化而导致系统无法预期的输出行为。稳定性的重要性在于，它能够保证系统在面对各种输入信号时，输出信号仍然保持在一个可控的范围内，从而避免系统输出行为的失控。因此，在设计和分析实际系统时，对稳定性的判定至关重要，它能够帮助工程师确保系统在实际应用中正常运行。

5. 因果系统与非因果系统

如果一个系统在某个特定时刻的输出结果仅仅是由该时刻或者之前时刻的输入数据决定的，那么这样的系统可以被定义为因果系统。换句话说，因果系统的特点是其输出仅依赖于当前时刻或之前时刻的输入数据，而不会受到未来时刻输入数据的影响。在这种情况下，因果系统也被称作无法预知的系统，因为在这种系统中，仅凭已知的输出数据是无法预测未来的输入值的。相反地，如果系统的输出结果还受到未来时刻输入数据的影响，那么这样的系统就被认为是非因果系统。非因果系统的特点是其输出不仅依赖于当前时刻或之前时刻的输入数据，还会受到未来时刻输入数据的影响，这使得系统的未来行为可以通过当前的输出数据进行一定程度的预测。

对于一个真正的因果系统来说，如果两个输入信号在某个特定的时刻之前一直保持一致，那么在这个时刻之前，系统的输出也应该是一致的。在因果系统中，激励是引发系统响应的直接原因，而响应则是激励作用于系统后产生的直接结果。这意味着，当系统受到某种激励时，其产生的响应完全取决于该激励的性质和强度，以及系统本身的特性。系统的响应不会受到未来激励的影响，因为在未来激励尚未发生之前，系统的输出已经完全由当前和之前的激励所决定。这种特性使因果系统在许多实际应用中具有重要的意义，因为其可以确保系统的输出结果是可预测和可控的。

6. 可逆系统与不可逆系统

如果一个系统在面对各种不同的输入条件时，能够产生与这些输入条件相对应的输出结果，那么这个系统就被认为是一个可逆系统。反之，则被认为是不可逆系统。在众多的通信应用领域中，编码系统就是一个典型的例子，展示了这种可逆性的特征。编码系统通过将信息转换成特定的代码形式来传输和存储，而在接收端，这些代码又可以被准确地解码还原成原始信息。这种编码和解码的过程，确保了信息在传输过程中的完整性和准确性，同时体现了系统在不同输入条件下能够产生相应输出的能力，从而使系统被认定为一个可逆系统。

　　除了上述几种分类方式之外，还可以从系统内部是否包含记忆元件这一角度，将系统划分为即时系统和动态系统。其中，即时系统指的是那些在接收到输入信号后能够立即产生响应的系统，而动态系统则是指那些能够对历史信息进行存储和处理的系统，其响应不仅取决于当前的输入，还与系统之前的历史状态有关。还可以根据系统参数是集总的还是分布的这一特征，将系统分为集总参数系统和分布参数系统。集总参数系统指的是那些所有参数都集中在一个单一的物理实体中的系统，如一个电阻、电容或电感等。而分布参数系统则是指那些参数分布在系统的整个空间或时间范围内的系统，如传输线、波导管等。此外，根据系统内部是否含有有源器件，还可以将系统分为无源系统和有源系统。无源系统指的是那些内部不含有源器件，如电源、放大器等的系统，其能量输入完全由外部提供。而有源系统则是指那些内部含有有源器件，能够主动对信号进行放大、调制等处理的系统。以上这些分类方式都是人们在学习系统理论时经常会遇到的，因此在这里就不再赘述了。

1.5　线性时不变系统的特性

　　线性时不变系统的特性是系统分析和设计的核心。理解这些特性有助于人们更好地分析系统的行为和性能。本书着重讨论确定信号作用下的线性时不变系统。为便于全书讨论，这里将线性时不变系统的基本特性作如下说明。

1.5.1　线性特性

　　线性特性是指系统的响应与输入信号的叠加关系以及与输入信号的缩放关系。具体来说，线性系统遵循叠加原理和齐次性原理。线性系统具有两个重要特性：均匀性和叠加性。

1. 均匀性（齐次性）

如果输入信号 $e(t)$ 导致系统产生输出 $r(t)$，那么对于任意常数 k，输入信号 $ke(t)$ 会导致系统产生输出 $kr(t)$。

图 1-20 为线性系统的均匀性的框图表示。

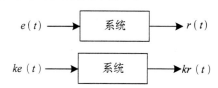

图 1-20　线性系统的均匀性

2. 叠加性

如果输入信号 $e_1(t)$ 导致系统产生输出 $r_1(t)$，输入信号 $e_2(t)$ 导致系统产生输出 $r_2(t)$，那么输入信号 $e_1(t)+e_2(t)$ 会导致系统产生输出 $r_1(t)+r_2(t)$。

图 1-21 为线性系统的叠加性的框图表示。

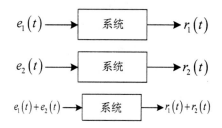

图 1-21　线性系统的叠加性

若系统同时满足均匀性和叠加性，则该系统就称为线性系统，即若 $e_1(t)$、$r_1(t)$ 和 $e_2(t)$、$r_2(t)$ 分别代表两对激励与响应，则当激励为 $k_1e_1(t)+k_2e_2(t)$ 时，系统的响应为 $k_1r_1(t)+k_2r_2(t)$，如图 1-22 所示，该系统就是线性系统。

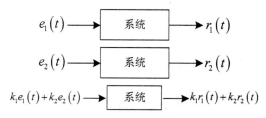

图 1-22　线性系统

1.5.2　时不变性

时不变性这一概念是指一个系统的内在特性在时间的推移过程中保持不变，即系统的输出仅仅依赖于输入信号的形态和时间坐标，而与输入信号发生的具体时刻无关。举例来说，如果将一个输入信号在时间轴上进行平移操作，那么系统的输出也会相应地在时间轴上进行同样的平移，但输出信号的波形和形状不会发生任何改变。这种特性确保了系统在处理信号时具有一定的稳定性和可预测性，因为无论何时输入相同的信号，系统都会给出相同的响应。

对于一个时不变系统，如果输入信号 $e(t)$ 产生输出 $r(t)$，那么对输入信号进行时间平移 $e(t-t_0)$ 的系统响应会是 $r(t-t_0)$。这意味着系统的行为在不同时间点是相同的，只是响应会在时间上发生平移。

时不变系统满足：若 $e(t) \rightarrow r(t)$，则 $e(t-t_0) \rightarrow r(t-t_0)$。

1.5.3　微分特性

微分特性这一概念主要指的是在许多物理、工程和数学系统中，系统的动态行为可以通过微分方程来进行精确的描述和建模。在连续时间线性时不变系统中，微分方程扮演着至关重要的角色，成为系统核心描述的工具。通过微分方程，人们可以详细地捕捉系统在时间演变过程中的行为和特性。具体而言，系统的输入信号与输出信号之间的关系可以通过系统的微分方程来建立和表达。这种微分方程不仅包含了输出信号的微分项，还涉及了输入信号的微分项。通过这些微分项，人们可以分析系统对输入信号的响应，以及系统内部状态的变化规律。微分方程的阶数和形式取决于系统的复杂性和具体特性，但无论系统多么复杂，微分方程都提供了一种强有力的数学工具，帮助人们理解和预测系统在不同条件下的行为。

线性时不变系统满足微分特性。如果输入信号 $e(t)$ 经过系统后得到输出信号 $r(t)$，即 $e(t) \rightarrow r(t)$，那么系统对输入信号的导数 $\dfrac{\mathrm{d}e(t)}{\mathrm{d}t}$ 的输出是输出信号的导数 $\dfrac{\mathrm{d}r(t)}{\mathrm{d}t}$，即 $\dfrac{\mathrm{d}e(t)}{\mathrm{d}t} \rightarrow \dfrac{\mathrm{d}r(t)}{\mathrm{d}t}$；系统对输入信号的积分 $\int e(t)\mathrm{d}t$ 的输出是输出信号的积分 $\int r(t)\mathrm{d}t$，即 $\int e(t)\mathrm{d}t \rightarrow \int r(t)\mathrm{d}t$。

1.5.4　因果性

因果性是指系统的输出仅依赖于当前和过去的输入，而不依赖于未来的输入。

如果一个系统是因果的，那么系统在 t_0 时刻的输出仅由时刻 $t=t_0$ 和时刻 $t<t_0$ 的输入信号决定。在实际系统中，因果性是一个重要的性质，因为实际系统不可能对未来的输入作出反应。例如，系统模型若为 $r_1(t)=e_1(t-1)$，则此系统为因果系统；若为 $r_2(t)=e_2(t+1)$，则为非因果系统。

1.6 系统分析方法

在系统分析领域，对线性时不变系统的研究具有至关重要的价值。在实际应用中，人们经常需要处理线性时不变系统的问题，而且众多时变线性系统或非线性系统问题在特定情境下，也遵循线性时不变系统的基本原理，因此可以采用线性时不变系统的方法进行分析。

系统分析的核心任务是建立并求解描述系统行为的数学方程，以便准确地理解和预测系统的动态特性。系统分析的方法主要分为两大类：输入输出法和状态变量法。这两种方法在系统分析中各有其独特的优势和适用范围，为人们提供了从不同角度研究系统的工具。

输入输出法关注的是系统的输入和输出之间的直接关系。它通过建立输入信号与系统输出信号之间的数学模型，帮助人们理解系统如何对外部激励作出响应。这种方法非常直观且易于理解，特别适用于线性时不变系统中输入与输出的关系描述。对于连续时间系统，输入输出法通常采用常系数线性微分方程来描述系统的行为。微分方程中的系数是常数，这意味着系统的动态特性在时间上保持不变。常系数线性微分方程的阶数决定了系统的复杂度。例如，一个简单的 RC 电路的动态特性可以用一阶线性微分方程来表示，其中电阻和电容的值决定了系统的时间常数。在离散时间系统中，常系数线性差分方程是主要的描述工具。离散时间系统处理的是在离散时间点上取样的数据，如数字信号处理中的信号。差分方程与微分方程形式相似，但其变量在离散的时间点上变化，这使差分方程在数字计算机和离散信号处理中具有重要应用。

输入输出法的主要优点在于，它能够直接通过输入信号的变化来预测系统的响应。这种方法适用于单输入单输出系统的分析，因为它能够简明扼要地给出系统对特定输入的响应。然而，输入输出法的局限性在于，它不能深入分析系统内部的状态变量和结构，因此使人们对于复杂系统的内部动态特性往往了解不够全面。

状态变量法则通过显式地引入系统的内部状态变量，提供了一种更加全面和深入的系统分析方法。状态变量法的核心在于，利用状态方程和输出方程来描述和预测系统的行为。

状态方程描述了系统的内部状态变量（如电网络中电容的电压和电感的电流）与外部激励之间的关系。状态变量是描述系统当前状态的变量，其与系统的未来行为密切相关。通过一组一阶微分方程（对于连续时间系统）或一阶差分方程（对于离散时间系统），状态方程能够完整地描述系统的动态特性。这种方法不仅能够揭示系统的瞬时状态，还能预测系统在未来时刻的行为。

输出方程将系统的状态变量与系统的实际输出联系起来，描述了系统的输出响应如何依赖于状态变量和外部激励。通过输出方程，人们可以从系统的内部状态推导出实际的输出，这为系统的预测和控制提供了重要的信息。

状态变量法的优点在于，它能够深入揭示系统的内部结构，并针对系统的动态特性提供全面的描述。尤其是在处理多输入多输出系统时，状态变量法显示出了显著的优势，因为它能够清晰地描述多个输入和输出之间的复杂关系。此外，状态变量法适用于各种类型的系统，包括线性时不变系统、时变系统及非线性系统。状态变量法还特别适合计算机求解，因为其数学模型可以通过数值方法进行精确计算。这种方法的通用性使它在控制理论、信号处理和系统建模等领域得到广泛应用。

在系统分析中，描述线性时不变系统的微分方程或差分方程是使人们了解系统动态特性的基础。建立了这些方程之后，还需要进一步求解它们，以得到系统的具体行为。这一过程是系统分析中的关键步骤，求解微分方程或差分方程的方法主要包括时域分析法和变换域分析法。

时域分析法是分析系统动态特性的一种直接方法，它通过在时域中研究系统的输入和输出关系来获得系统的响应。这种方法的主要目标是理解系统在时间上的行为，并通过对微分方程或差分方程的求解来获得系统的时域响应。

在时域分析中，经典解法包括解析方法和数值方法。解析方法通常涉及直接求解微分方程或差分方程，这可以通过分离变量、积分法、特征方程等技术实现。例如，对于一个一阶线性微分方程可以使用拉普拉斯变换将其转化为代数方程，求解后再逆变换回时域来得到系统的响应。

对于更复杂的系统，解析解可能不容易获得，因此也可以使用数值方法来求解微分方程。

在时域分析中，冲激响应和单位序列响应是理解系统行为的关键概念。冲激响应是系统对单位脉冲输入的响应，它可以完全描述线性时不变系统的动态特性。同样地，对于离散时间系统，单位序列响应是系统对单位脉冲输入的响应。系统的零状态响应可以通过输入信号与系统的冲激响应进行卷积积分来获得。对于离散时间系统，零状态响应则是输入信号与单位序列响应的卷积和。这种卷积方法是分析线性时不变系统的基础，能够将系统的时间响应与冲激响应或单位序列响应直接关联起来。卷积方法的优点在于，它能够处理各种形式的输入信号，并且对于线性系统，卷积结果的计算相对简单。这使得卷积方法在实际系统分析中被广泛应用，特别是对于具有复杂输入信号的情况。

变换域分析法是一种强大的数学工具，它通过将时域中的微分方程或差分方程转换到变换域中，从而将这些方程转化为代数方程。这一过程极大地简化了系统分析的过程，使原本复杂的微分或差分操作变得相对简单。具体来说，这种方法通过引入拉普拉斯变换、傅里叶变换或其他类似的变换技术，将时域中的微分方程或差分方程映射到变换域中，从而将原本需要进行复杂微分或差分计算的问题转化为代数运算。这种方法特别适用于解决复杂的系统分析问题，因为它能够有效地处理系统中的动态行为和稳定性问题。通过将微分方程或差分方程中的导数或差分操作转化为简单的代数操作，变换域分析法不仅简化了计算过程，还提高了分析的准确性和效率。此外，这种方法还能够帮助人们更好地理解系统的频率特性，从而为系统设计和优化提供有力的支持。

傅里叶变换是一种广泛应用于信号处理和系统分析的工具，它可以将时域中的信号转换为频域中的表示。傅里叶变换的基本思想是将复杂的信号分解为一系列简单的正弦波和余弦波的叠加，这使频域分析变得更加直观和简便。傅里叶变换的优势在于，它能够直观地展示信号的频谱特性，从而使人们能够分析系统对不同频率成分的响应。通过对系统的传递函数进行傅里叶变换，可以得到系统的频率响应，进而分析系统的稳定性、带宽和其他频率特性。

拉普拉斯变换是一种将时域信号转换为复频域信号的工具，它能够将微分方程转化为代数方程，从而简化系统模型的分析和求解过程。拉普拉斯变换特别适用于处理具有初始条件的系统模型，并且能够处理更多的系统动态特性。拉普拉斯变换可以将系统的微分方程转化为代数方程，这使得人们能够直接求解系统的响应。拉普拉斯变换还能够处理系统的瞬态响应和稳态响应，同时拉普拉斯逆变换可以将解结果转换回时域。

对于离散时间系统，z 变换是类似于拉普拉斯变换的一种工具，它可以将离散信号转化为复频域中的表示。z 变换可以将差分方程转化为代数方程，从而简化离散时间系统的分析和设计。z 变换的优势在于，它能够处理离散信号的特性，并且可以用于分析离散时间系统的稳定性和频率响应。通过 z 变换，可以方便地计算离散时间系统的传递函数，并进行系统设计和优化。

在实际应用中，信号的形式往往比较复杂，因此直接分析各种信号在系统中的传输问题可能比较困难。为了简化分析，通常采用将复杂信号分解为一组基本信号的和的方法，即基本信号分解方法。这些基本信号具有简单的数学形式，且容易分析。

常见的基本信号包括正弦信号、复指数型信号、冲激信号、阶跃信号。将复杂信号分解为这些基本信号的和，可以利用线性时不变系统的叠加原理，先分析各个基本信号的响应，再将其结果进行合成。这种方法在实际应用中非常有效，因为它可以简化复杂系统的分析过程。

系统函数也被称作传递函数，是描述线性时不变系统的关键工具之一。它详细地定义了系统输入信号与输出信号之间的关系，为理解和分析系统提供了重要的数学模型。系统函数可以通过对系统的微分方程或差分方程进行拉普拉斯变换或 z 变换来获得，这一过程极大地简化了系统的分析和设计工作。通过系统函数，人们可以有效地将系统的方程、框图及响应特性紧密地联系起来。这种联系使人们不仅能够从一个更高的视角来观察和理解系统的行为，还能够进行更为综合和深入的分析与设计工作。通过这种方式，系统函数成了系统分析和设计中的一个强大工具，极大地提高了工程师和研究人员在处理复杂系统时的效率和准确性。

信号流图是一种图形化的工具，它在工程和科学领域中被广泛应用于描述和分析线性时不变系统的方程、框图和系统函数。通过使用节点（也称为顶点）和有向边（也称为箭头或连接线），信号流图能够以一种直观的方式表示系统的输入、输出及内部信号流的传递路径。这种图形化的表示方法不仅能够清晰地展示系统的结构，还能够揭示系统的动态特性，使分析和理解系统行为变得更加容易和直观。信号流图的核心优势在于其简洁性和直观性，这使工程师和研究人员能够快速识别系统的各个组成部分及其相互之间的关系。通过这种方式，信号流图不仅有助于系统设计和优化，还能够在系统分析和故障诊断中发挥重要作用。此外，信号流图还可以与其他数学工具结合使用，进一步增强其在系统分析中的应用范围和深度。

在系统分析中，时域分析法和变换域分析法是求解线性时不变系统方程的两种主要方法。时域分析法通过直接分析时域中的信号和系统响应，能够提供系统的瞬态响应和稳态响应。变换域分析法则通过将时域的微分方程转化为变换域的代数方程，简化了复杂系统的分析过程。

　　基本信号分解方法允许人们将复杂信号分解为简单的基本信号，从而使系统的分析变得更加简便。系统函数在连接系统的输入和输出、研究系统稳定性和频域响应方面发挥了重要作用。信号流图则提供了一种图形化的方法来描述和分析系统，使复杂的系统分析变得更加直观和系统化。

　　综合应用这些方法和工具，可以使人们更全面地理解和优化线性时不变系统的行为，从而在实际应用中实现更好的系统设计和控制。

习　题

1. 关于系统 $r(t)=t^2e(t-1)$，下列说法正确的是（　　　）。

A. 线性时不变　　　B. 非线性时变　　　　　C. 线性时变　　　D. 非线性时不变

2. 周期序列 $2\cos\left(1.5\pi n + \dfrac{\pi}{4}\right)$ 的周期等于（　　　）。

A.1　　　　　　　　B.2　　　　　　　　　　C.3　　　　　　　D.4

3. 已知某连续时间系统的输入输出关系为 $y(t)=x(\sin t)$，则该系统是（　　　）。

A. 线性时不变系统　　　　　　　　　B. 线性时变系统

C. 非线性时不变系统　　　　　　　　D. 非线性时变系统

4. 若 $f(t)$ 代表已录制声音的磁带上的信号，则下列表述正确的是（　　　）。

A.$2f(t)$ 表示将此磁带的音量减小一半

B.$f(2t)$ 表示将此磁带以二倍速度播放

C.$f(2t)$ 表示将此磁带放音速度降低一半

D.$f(-t)$ 表示将此磁带上信号延时播放产生的信号

5. $\displaystyle\int_{-3}^{0}\sin\left(t-\dfrac{\pi}{4}\right)\delta\left(t-\dfrac{\pi}{2}\right)\mathrm{d}t=$ _____。

6. $\displaystyle\int_{-\infty}^{t}\mathrm{e}^{-2\tau}\delta(\tau-2)\mathrm{d}t=$ _____。

7. 请查阅文献，归纳总结各种系统分析方法在实际工程中的应用。

第 2 章　连续时间系统的时域分析

在深入研究系统特性或功能时，核心任务是剖析系统输入与输出之间的内在联系。这一过程对于透彻理解系统运行机制具有不可或缺的重要性。针对连续时间系统的分析，主要采用构建并求解微分方程的方法。这些方法可明确归类为两大类：一是时域分析法，二是变换域分析法。这两类方法共同构成了连续时间系统分析的基础。时域分析法是一种直接通过求解系统微分方程来探究系统行为的方法，其特点在于，分析过程不涉及任何变量的变换。这种方法比较直观，有助于研究人员深入理解相关的物理概念。通过直接分析微分方程的解，研究人员能够精确地获取系统的动态特性，这种直接且有效的方法在实际应用中得到了广泛验证和高度认可。变换域分析法是通过将时间变量进行变换，对系统进行分析。例如，在傅里叶变换中，时间变量被转化为频率变量，这样信号从时域被转换到频域进行分析。通过对信号的各个频率成分进行研究，可以获得系统在不同频率下的响应特性，这一过程被称为频域分析法。时域分析法为学习和理解各种变换域分析方法奠定了基础。掌握时域分析法的基本原理和技巧可以帮助研究人员更好地理解变换后的结果，进而在变换域内进行深入的分析。因此，在系统分析方法的学习过程中，时域分析法和变换域分析法的相互结合是至关重要的，它们共同构成了信号和系统分析的核心方法，为工程师在实际问题解决中提供了多种选择。

本章主要介绍连续时间系统的时域分析，具体包括线性系统时域分析方法、用时域经典法求解微分方程、零输入响应与零状态响应、冲激响应与阶跃响应、卷积和卷积的性质等五部分内容。

2.1　线性系统时域分析方法

连续时间系统负责处理连续信号，对此类系统，通常会采用微分方程来进行描述。这些微分方程准确地表达了系统的输入与输出之间的联系，这种联系是通过它们的时间函数及对时间 t 的各阶导数的线性组合来实现的。在这个过程中，如果不对系统内部的其他信号变化进行研究，而仅通过一个高阶的微分方程来联系输入与输出，这种描述系统的方法就被称作输入输出法。系统分析的任务是对给定的系统模型和输入信号进行深入研究，以求得系统的输出响应。分析系统时可以采用多种方法，时域分析法就是其中的一种。随着计算机技术的不断发展和各种算法软件的推出，时域分析法这一经典方法又重新受到了广泛的关注和应用。

系统时域分析法既要包含数学理论，又要包含物理意义。系统时域分析法主要涉及两个方面：一是微分方程的求解，这包括对数学中经典解法的学习以及对解的物理意义的说明；二是已知系统的单位冲激响应，通过将单位冲激响应与输入激励信号进行卷积积分，得到系统的输出响应。微分方程的解不仅是一个数学上的结果，更代表了系统在物理上的行为。在近代系统时域分析方法的演进中，零输入响应和零状态响应两大核心概念的引入，为线性系统理论分析的完整性奠定了坚实基础，同时极大地提升了解决实际问题的效率。尽管卷积积分主要关注系统的零状态响应，但其明确的物理概念和便捷的运算过程，使它成为系统分析领域的基本方法，卷积积分是近代计算分析系统中不可或缺的重要工具。卷积积分是时域与变换域分析线性系统的一条纽带，通过它，人们可以把变换域分析赋以清晰的物理概念。同时，微分方程的算子符号表示法，使微分、积分方程的表示及某些运算得以简化，这是从时域经典法向拉普拉斯变换法的一种过渡。

2.2　用时域经典法求解微分方程

使用时域经典法求解微分方程指的是通过传统的数学分析技术直接在时域内求解系统的微分方程。对系统进行分析时，首先要建立系统的数学模型。连续时间系统是多种多样的，其应用场合也各不相同，但是描述连续时间系统的数学模型却是相似的，连续时间系统都可以用微分方程来描述。为建立线性系统的数学模型，须列出描述系统特性的微分方程。

对于单输入单输出的线性时不变系统，描述输入输出关系的数学模型是 n 阶常系数线性微分方程，其一般形式为

$$a_n \frac{\mathrm{d}^n y(t)}{\mathrm{d}t^n} + a_{n-1} \frac{\mathrm{d}^{n-1} y(t)}{\mathrm{d}t^{n-1}} + \cdots + a_1 \frac{\mathrm{d}y(t)}{\mathrm{d}t} + a_0 y(t)$$

$$= b_m \frac{\mathrm{d}^m x(t)}{\mathrm{d}t^m} + b_{m-1} \frac{\mathrm{d}^{m-1} x(t)}{\mathrm{d}t^{m-1}} + \cdots + b_0 x(t) \tag{2-1}$$

可以缩写为

$$\sum_{i=0}^{n} a_i y^{(i)}(t) = \sum_{j=0}^{m} b_j x^{(j)}(t) \tag{2-2}$$

式（2-2）中，$y(t)$ 为系统的输出；$x(t)$ 为系统的输入；a_i 和 b_j 为常数系数；$\frac{\mathrm{d}^n y(t)}{\mathrm{d}t^n}$ 为 $y(t)$ 的 n 阶导数。该微分方程的通解由齐次解和特解组成，即

$$y(t) = y_h(t) + y_p(t) \tag{2-3}$$

式（2-3）中，$y_h(t)$ 为齐次解；$y_p(t)$ 为特解。

2.2.1　用时域经典法求解微分方程的步骤

1. 齐次解

齐次解是指齐次方程的解，由系统的特征根决定。

当微分方程右侧为 0 时，称为齐次方程，即 $\sum_{i=0}^{n} a_i y^{(i)}(t) = 0$，齐次方程对应的特

征方程为 $\lambda^n + a_{n-1}\lambda^{n-1} + \cdots + a_1\lambda + a_0 = 0$。此方程的根 λ_1，λ_2，$\cdots$，λ_n 为特征根。

根据特征根取值，齐次解有以下三种情况。

（1）特征根均为单根。若特征方程有 n 个不同的单根，则对应的齐次解为

$$y_h(t) = \sum_{i=1}^n C_i e^{\lambda_i t} = C_1 e^{\lambda_1 t} + C_2 e^{\lambda_2 t} + \cdots + C_n e^{\lambda_n t} \tag{2-4}$$

【例题 2.1】求微分方程 $y''(t) + 3y'(t) + 2y(t) = 0$ 的齐次解。

解：特征方程为 $\lambda^2 + 3\lambda + 2 = 0$，特征根为 $\lambda_1 = -1$，$\lambda_2 = -2$，齐次解为 $y_h(t) = C_1 e^{-t} + C_2 e^{-2t}$。

（2）特征根含重根。当特征方程有 k 阶重根 λ_1 时，在齐次解中，对应于 λ_1 的重根部分有 k 项，即 $(C_1 t^{k-1} + C_2 t^{k-2} + \cdots + C_{k-1} t + C_k) e^{\lambda_1 t} = \left(\sum_{j=1}^k C_j t^{k-j}\right) e^{\lambda_1 t}$，在此种情况下微分方程的齐次解为

$$y_h(t) = \left(\sum_{j=1}^k C_j t^{k-j}\right) e^{\lambda_1 t} + \sum_{i=k+1}^n C_i e^{\lambda_i t} \tag{2-5}$$

【例题 2.2】求微分方程 $y''(t) + 4y'(t) + 4y(t) = 0$ 的齐次解。

解：特征方程为 $\lambda^2 + 4\lambda + 4 = 0$，特征根为 $\lambda_{1,2} = -2$，齐次解为 $y_h(t) = (C_1 t + C_2) e^{-2t}$。

（3）特征根含共轭复根。当特征方程有共轭复根 $\lambda_{1,2} = \alpha \pm \mathrm{i}\beta$ 时，在齐次解中，共轭复根对应的部分为 $e^{\alpha t}[C_1\cos(\beta t) + C_2\sin(\beta t)]$，在此种情况下微分方程的齐次解为

$$y_h(t) = e^{\alpha t}[C_1\cos(\beta t) + C_2\sin(\beta t)] + \sum_{i=3}^n C_i e^{\lambda_i t} \tag{2-6}$$

齐次解中的系数是未知的，这些系数由初始条件确定。初始条件通常包括初始函数值和其导数值等，这些值用于确定齐次解中的常数。

【例题 2.3】求微分方程 $y''(t) + 2y'(t) + 3y(t) = 0$ 的齐次解。

解：特征方程为 $\lambda^2 + 2\lambda + 3 = 0$，特征根为 $\lambda_{1,2} = -1 \pm \sqrt{2}\mathrm{i}$，齐次解为 $y_h(t) = e^{-t}\left[C_1\cos\sqrt{2}t + C_2\sin\sqrt{2}t\right]$。

2. 特解

特解的形式与激励函数（非齐次项）的形式密切相关。在求解非齐次微分方程时，特解的假设形式通常是根据激励函数的形式来确定的。

假设有一个非齐次微分方程

$$y''(t) + a_1 y'(t) + a_2 y(t) = b_m f^{(m)}(t) + b_{m-1} f^{(m-1)}(t) + \cdots + b_1 f'(t) + b_0 f(t) \qquad （2-7）$$

式中，$f(t)$ 是激励函数；$f^{(m)}(t)$ 是 $f(t)$ 的 m 阶导数；b_1 是常数。

特解 $y_p(t)$ 的形式与激励函数的形式有关。将激励函数 $f(t)$ 代入微分方程的右端，化简后右端函数式称为自由项。通过观察自由项来选择特解函数式，代入方程后求出特解函数式中的待定系数，即可得到特解 $y_p(t)$ 。

在求解具体的微分方程时，如果激励函数的形式符合表 2-1 中任意一种情况，那么可以使用表 2-1 中的特解形式作为假设，并通过代入方程求解待定系数。

表 2-1　几种典型激励函数对应的特解

激励函数 $f(t)$	特解 $y_p(t)$
E（常数）	P（常数）
t^m	$P_m t^m + P_{m-1} t^{m-1} + \cdots + P_1 t + P_0$
e^{α}	$Pe^{\alpha t}$，$\alpha \neq$ 特征根 $P_1 t e^{\alpha t} + P_0 e^{\alpha t}$，$\alpha =$ 特征单根 $P_r t^r e^{\alpha t} + P_{r-1} t^{r-1} e^{\alpha t} + \cdots + P_1 t e^{\alpha t} + P_0 e^{\alpha t}$，$\alpha = r$ 重特征根
$\cos(\beta t)$ 或 $\sin(\beta t)$	$p_1 \cos(\beta t) + p_2 \sin(\beta t)$

3. 通解

通解是包含了所有可能解的解集，它由齐次解和特解组成。通过解微分方程的齐次部分，得到齐次解的表达式。通过解微分方程的非齐次部分，得到特解的表达式。将齐次解和特解相加，就可以得到微分方程的通解。将已知的初始条件代入通解的表达式中，可以求出齐次解中待定系数的具体值。通过代入初始条件并解出待定系数，可以得到一个特定的通解。这一通解不仅满足微分方程，还满足给定的初始条件。

【例题 2.4】某线性时不变系统的微分方程为 $y''(t) + 5y'(t) + 6y(t) = f(t)$，求当 $f(t) = 2e^{-t}$，$t \geq 0$，且初始条件为 $y(0) = 2$ 和 $y'(0) = -1$ 时的通解。

解：齐次微分方程为 $y''(t) + 5y'(t) + 6y(t) = 0$，

所以特征方程为 $\lambda^2 + 5\lambda + 6 = 0$，解得特征根为 $\lambda_1 = -2$，$\lambda_2 = -3$。

所以齐次方程的通解为 $y_h(t) = C_1 e^{-2t} + C_2 e^{-3t}$。

特殊非齐次项为 $f(t) = 2e^{-t}$。假设特解的形式为 $y_p(t) = Ae^{-t}$，将 $y_p(t) = Ae^{-t}$ 代入微分方程可得 $y_p''(t) + 5y_p'(t) + 6y_p(t) = 2e^{-t}$ 中，将 $y_p'(t) = -Ae^{-t}$，$y_p''(t) = Ae^{-t}$，代入

方程可得

$$Ae^{-t} + 5(-Ae^{-t}) + 6Ae^{-t} = 2e^{-t}$$
$$(A - 5A + 6A)e^{-t} = 2e^{-t}$$
$$2Ae^{-t} = 2e^{-t}$$

所以 $A = 1$ ，特解为 $y_p(t) = e^{-t}$ 。

所以通解为齐次解和特解的和：$y(t) = C_1e^{-2t} + C_2e^{-3t} + e^{-t}$ 。

通过初始条件 $y(0) = 2$ ，可得

$$y(0) = C_1 + C_2 + 1 = 2$$
$$C_1 + C_2 = 1$$

对 $y(t)$ 求导，可得 $y'(t) = -2C_1e^{-2t} - 3C_2e^{-3t} - e^{-t}$ 。

应用初始条件 $y'(0) = -1$ ，可得

$$y'(0) = -2C_1 - 3C_2 - 1 = -1$$
$$-2C_1 - 3C_2 = 0$$

联立方程，可得

$$\begin{cases} C_1 + C_2 = 1 \\ -2C_1 - 3C_2 = 0 \end{cases}$$

解得

$$\begin{cases} C_1 = 3 \\ C_2 = -2 \end{cases}$$

最终得出通解：$y(t) = 3e^{-2t} - 2e^{-3t} + e^{-t}$ 。

时域经典法通过直接解微分方程，结合初始条件，获得系统的时域响应，是经典重要的解决线性微分方程问题的方法。

2.2.2 关于 0^- 与 0^+ 的初始值

在微分方程的求解过程中，尤其是在分析线性时不变系统时，初始条件的确定至关重要。初始条件是在特定时间点，通常是 $t = 0$ 或 $t = t_0$，系统的状态信息。在用时域经典法解微分方程时，要区分以下两个时间点。

1. 瞬时输入接入时刻 $t = 0^+$ 或 $t = t_0^+$

在这个时刻，激励信号已经开始作用于系统。系统的输出 $y(0^+)$ 和其导数 [如 $y'(0^+)$] 表示输入信号对系统的即时影响。然而，这些数据并不能完全反映系统的历史状态。

2. 未接入激励的时刻 $t = 0^-$ 或 $t = t_0^-$

在这个时刻，系统尚未受到输入信号的影响，因此系统的输出 $y(0^-)$ 及其导数代表了系统在接入输入前的状态。这些值是系统历史状态的真实反映，为理解系统动态提供了重要依据。

初始状态定义为在 $t = 0^-$ 时刻，系统的响应及其各阶导数的值。这些初始条件提供了完整的背景信息，使人们能够在 $t \geq 0$ 的时间范围内，准确地预测和分析系统的动态响应。系统的历史信息与初始状态之间的联系，可以为求解微分方程提供关键的导向。例如，在求解线性时不变系统的微分方程时，已知的初始状态，如 $y(0^-)$ 和 $y'(0^-)$ 是获得系统响应 $y(t)$ 的不可或缺的基础。

2.3　零输入响应与零状态响应

在连续时间线性时不变系统中，系统的总响应可以分解为零输入响应和零状态响应。理解这两种响应对于分析和设计系统至关重要。

在连续时间线性时不变系统中，系统的总响应 $y(t)$ 可以表示为系统对输入信号 $x(t)$ 的响应加上系统初始状态的响应。这一响应可以分解为两部分，即

$$y(t) = y_{zi}(t) + y_{zs}(t) \tag{2-8}$$

式中，$y_{zi}(t)$ 是零输入响应；$y_{zs}(t)$ 是零状态响应。

2.3.1　零输入响应

零输入响应是系统在没有外部输入（激励为 0）时，仅由系统的初始状态引起的响应。它反映了系统本身的动态特性和初始条件对输出的影响。零输入响应的计算通常依赖于系统的初始状态及系统的状态空间模型或微分方程。

如果系统在 $t = 0$ 时未施加输入信号，但 $t < 0$ 时系统的工作会导致储能元件中蓄有能量，而这些能量不可能突然消失，将逐渐被释放，直至最终消耗殆尽。零输入响应正是由这种初始的能量分布状态，即初始条件所决定的。

由于激励为 0，因此 $y_{zi}(t)$ 对应齐次方程 $\sum_{i=0}^{n} a_i y^{(i)}(t) = 0$。零输入响应由

特征根决定，形式为齐次解，当特征根均为单实根时，零输入响应的形式为 $y_{zi}(t)=\sum_{i=0}^{n}C_{xi}e^{\lambda_i t}$，$t \geqslant 0$。其中，待定系数 C_{xi} 由初始状态确定，由于没有激励，此时系统的初始状态就是零输入响应的初始条件。

在实际应用中，零输入响应的分析可以帮助人们了解系统在没有外部激励时的行为。这在设计和分析控制系统时尤为重要。例如，在电路设计中，了解电容器和电感器的零输入响应可以帮助预测电路的行为，从而优化电路性能。零输入响应揭示了系统对初始状态的自然反应，是系统分析的重要组成部分。通过理解和计算零输入响应，人们可以深入了解系统的动态特性，设计出更为精确和有效的控制系统。

2.3.2　零状态响应

零状态响应是系统在初始状态为零时，由外部输入引起的响应。它反映了输入信号对系统输出的影响。

零状态响应的计算通常涉及系统的冲激响应或传递函数。对于连续时间系统，若系统的传递函数为 $H(s)$，则零状态响应 $y_{zs}(t)$ 可以通过对输入信号进行卷积得到，即

$$y_{zs}(t) = h(t) * x(t) \tag{2-9}$$

式中，$h(t)$ 是系统的冲激响应。

理解零状态响应在许多实际工程问题中非常重要。例如，在控制系统设计中，需要预测系统在各种输入条件下的行为，以确保系统能有效地对外部信号作出反应。在电路设计、机械系统分析及信号处理等领域，零状态响应的分析可以帮助工程师优化系统性能，提高可靠性。零状态响应提供了一个系统如何在初始条件为零的情况下对输入信号作出反应的完整视角。掌握这一概念不仅能帮助理解系统的动态特性，还能在设计和优化实际系统时提供重要参考。

零输入响应和零状态响应是系统总响应的两个组成部分。零输入响应反映了系统的内部特性和初始条件的影响，而零状态响应反映了输入信号的影响。在实际应用中，了解这两者的关系有助于对系统进行更全面的分析和设计。

2.4　冲激响应与阶跃响应

冲激响应和阶跃响应是系统分析中的基本概念。冲激响应提供了系统对瞬时激励的即时反应，而阶跃响应展示了系统在长期持续激励下的稳定行为。掌握这两个概念及其计算方法，对于深入理解系统动态行为和进行系统设计至关重要。

冲激响应是系统分析中的核心工具。通过冲激响应，人们可以了解系统的瞬态特性，并且可以利用卷积定理计算系统对任意输入信号的响应。对于线性时不变系统，所有输入信号的响应都可以通过冲激响应的卷积得到。例如，对于一个一阶 RC 电路，其冲激响应 $h(t)$ 通常为一个指数衰减函数。如果输入信号为一个单位脉冲信号，那么输出响应会是一个具有特定时间常数的指数函数。

阶跃响应可以帮助人们理解系统如何从初始状态过渡到稳定状态。它对于评估系统的稳态性能和过渡特性非常有用。例如，对于一个二阶系统，其冲激响应可能是一个振荡函数，而阶跃响应则可能表现为一个渐近稳定的曲线，逐渐趋向于某个稳态值。

冲激响应和阶跃响应之间的关系非常密切。冲激响应是系统对瞬时激励的响应，而阶跃响应是系统对持续激励的响应。阶跃响应可以看作冲激响应的积分，这体现了系统对输入信号的累积效应。在控制系统设计中，冲激响应和阶跃响应被用来评估系统的瞬态响应和稳态行为。通过分析这两个响应，工程师可以设计出满足性能要求的控制系统。在信号处理中，冲激响应用于理解和设计滤波器，而阶跃响应则用于评估滤波器对突变信号的处理效果。

冲激响应是指系统对单位冲激信号的响应。单位冲激信号 $\delta(t)$ 是一种理论上在时间 $t=0$ 处具有无限大幅度和零宽度的信号，其积分值为 1。冲激响应 $h(t)$ 反映了系统在接收到瞬时激励后的即时反应。

对于线性时不变系统，冲激响应 $h(t)$ 的性质可以表示系统的因果性和稳定性。冲激响应的变换域表示（如拉普拉斯变换、傅里叶变换）更是分析线性时不变系统的重要手段，因此对冲激响应 $h(t)$ 的分析是系统分析中极为重要的内容。

冲激响应 $h(t)$ 定义：系统在单位冲激信号 $\delta(t)$ 的激励下产生的零状态响应。同样地，阶跃响应 $g(t)$ 定义：系统在单位阶跃信号 $u(t)$ 的激励下产生的零状态响应。

任意信号可以用冲激信号的组合表示，即通过冲激信号的线性组合可以表示任何输入信号，这在信号与系统分析中是一个非常重要的原理。这个原理是基于线性系统理论中的卷积定理的。

具体来说，对于任何给定的信号 $x(t)$，它可以被表示为一系列单位冲激信号 $\delta(t)$ 的加权和。数学上，这种表示形式可以通过冲激函数的权重和时间位置来实现。

以下是这个原理的详细说明：

任意信号 $x(t)$ 可以通过冲激函数的加权和来表示，即

$$x(t) = \int_{-\infty}^{+\infty} x(\tau)\delta(t-\tau)\mathrm{d}\tau \qquad (2\text{-}10)$$

这表明任何信号 $x(t)$ 都可以看作一系列在不同时间 τ 处的单位冲激信号 $\delta(t-\tau)$ 的加权和，权重是 $x(\tau)$ 。

对于线性时不变系统，系统的输出信号 $y(t)$ 是输入信号 $x(t)$ 与系统的冲激响应 $h(t)$ 的卷积，即 $y(t) = x(t)*h(t)$ ，其中卷积运算定义为 $y(t) = \int_{-\infty}^{+\infty} x(\tau)h(t-\tau)\mathrm{d}\tau$ 。

由于 $x(t)$ 可以用单位冲激信号的组合表示，即 $x(t) = \int_{-\infty}^{+\infty} x(\tau)\delta(t-\tau)\mathrm{d}\tau$ ，将其代入卷积公式中，得到

$$\begin{aligned} y(t) &= \left(\int_{-\infty}^{+\infty} x(\tau)\delta(t-\tau)\mathrm{d}\tau\right)*h(t) \\ y(t) &= \int_{-\infty}^{+\infty} x(\tau)\big(\delta(t-\tau)*h(t)\big)\mathrm{d}\tau \end{aligned} \qquad (2\text{-}11)$$

由于卷积的一个重要性质是与冲激函数的卷积等于函数本身，所以有 $\delta(t-\tau)*h(t) = h(t-\tau)$ ，所以 $y(t) = \int_{-\infty}^{+\infty} x(\tau)h(t-\tau)\mathrm{d}\tau$ 。

考虑到单位冲激信号 $\delta(t)$ 和单位阶跃信号 $u(t)$ 之间存在微分和积分关系，对线性时不变系统来说，冲激响应 $h(t)$ 和阶跃响应 $g(t)$ 之间也存在类似的微分和积分关系。

单位阶跃信号 $u(t)$ 单位是冲激信号 $\delta(t)$ 的积分：

$$u(t) = \int_{-\infty}^{t} \delta(\tau)\mathrm{d}\tau \qquad (2\text{-}12)$$

单位冲激信号 $\delta(t)$ 是单位阶跃信号 $u(t)$ 的导数：

$$\delta(t) = \frac{\mathrm{d}}{\mathrm{d}t}u(t) \qquad (2\text{-}13)$$

通过对阶跃响应 $g(t)$ 进行微分可以得到冲激响应 $h(t)$：

$$h(t) = \frac{\mathrm{d}}{\mathrm{d}t} g(t) \tag{2-14}$$

这是因为单位阶跃信号 $u(t)$ 的导数是单位冲激信号 $\delta(t)$，因此对阶跃响应 $g(t)$ 进行微分，得到的就是冲激响应 $h(t)$。

通过对冲激响应 $h(t)$ 进行积分可以得到阶跃响应 $g(t)$：

$$g(t) = \int_{-\infty}^{t} h(\tau)\mathrm{d}\tau \tag{2-15}$$

这是因为单位阶跃信号 $u(t)$ 是单位冲激信号 $\delta(t)$ 的积分，同理，阶跃响应 $g(t)$ 是冲激响应 $h(t)$ 的积分。

这些关系是系统分析中的重要工具，有助于从已知的冲激响应推导出阶跃响应，或从已知的阶跃响应推导出冲激响应。

对于用线性常系数微分方程描述的系统，它的冲激响应 $h(t)$ 是该系统在受到单位冲激信号 $\delta(t)$ 激励时的响应。在这种情况下，冲激响应 $h(t)$ 本身就满足描述系统的微分方程。

具体来说，假设一个系统可以用以下形式的线性常系数微分方程来描述。

$$a_n \frac{\mathrm{d}^n y}{\mathrm{d}t^n} + a_{n-1} \frac{\mathrm{d}^{n-1} y}{\mathrm{d}t^{n-1}} + \cdots + a_1 \frac{\mathrm{d}y}{\mathrm{d}t} + a_0 y$$

$$= b_m \frac{\mathrm{d}^m x}{\mathrm{d}t^m} + b_{m-1} \frac{\mathrm{d}^{m-1} x}{\mathrm{d}t^{m-1}} + \cdots + b_1 \frac{\mathrm{d}x}{\mathrm{d}t} + b_0 x \tag{2-16}$$

式（2-16）中，$y(t)$ 为系统的输出；$x(t)$ 为系统的输入；a_n，$a_{n-1}, \cdots$，a_0 和 b_m，$b_{m-1}, \cdots$，b_0 是常系数；n 是系统输出 $y(t)$ 导数的最高阶数；m 是系统输入 $x(t)$ 导数的最高阶数。

当该系统受到单位冲激信号 $\delta(t)$ 的激励时，输出 $y(t)$ 就是冲激响应 $h(t)$。此时，输入 $x(t) = \delta(t)$，而输出 $y(t)$ 只取决于系统的微分方程，即

$$a_n \frac{\mathrm{d}^n h}{\mathrm{d}t^n} + a_{n-1} \frac{\mathrm{d}^{n-1} h}{\mathrm{d}t^{n-1}} + \cdots + a_1 \frac{\mathrm{d}h}{\mathrm{d}t} + a_0 h(t) = \delta(t) \tag{2-17}$$

$\delta(t)$ 是在 $t = 0$ 处单位幅度的理想瞬时冲激，且其所有导数（除了在 $t = 0$ 处为 1 的原始函数）均为零，这就是说，系统的冲激响应 $h(t)$ 是原微分方程中的未知函数 $y(t)$ 在单位冲激信号 $\delta(t)$ 激励下的特定解。这样的解可以用卷积定理和系统函数来求得，它们是信号与系统理论中的重要概念。

【例题 2.5】已知某线性时不变连续时间系统的单位冲激响应为 $h(t) = \mathrm{e}^{-2t} u(t)$，试求该系统的单位阶跃响应 $g(t)$。

解：给定单位冲激响应 $h(t) = \mathrm{e}^{-2t}u(t)$，其中 $u(t)$ 是单位阶跃函数。

单位阶跃响应 $g(t)$ 是单位冲激响应 $h(t)$ 的积分，即 $g(t) = \int_{-\infty}^{t} h(\tau)\mathrm{d}\tau$。因为 $h(t) = \mathrm{e}^{-2t}$ 在 $t \geq 0$ 有效，当 $t < 0$ 时，$h(t) = 0$，所以积分可以从 0 到 t 进行计算。

当 $t \geq 0$ 时，$\int \mathrm{e}^{-2\tau}\mathrm{d}\tau = -\frac{1}{2}\mathrm{e}^{-2\tau}$，所以

$$g(t) = -\frac{1}{2}\mathrm{e}^{-2\tau}\bigg|_{0}^{t} = -\frac{1}{2}\mathrm{e}^{-2t} - \left(-\frac{1}{2}\mathrm{e}^{0}\right) = -\frac{1}{2}\mathrm{e}^{-2t} + \frac{1}{2} = \frac{1}{2}(1 - \mathrm{e}^{-2t})$$

当 $t < 0$ 时，由于 $h(t) = 0$，所以 $g(t) = 0$。

【例题 2.6】已知某线性时不变连续时间系统的单位阶跃响应为 $g(t) = \mathrm{e}^{-t}u(t)$，试求该系统的单位冲激响应 $h(t)$。

解：给定单位阶跃响应 $g(t) = \mathrm{e}^{-t}u(t)$，其中 $u(t)$ 是单位阶跃函数。单位冲激响应 $h(t)$ 是单位阶跃响应 $g(t)$ 对时间的导数，即 $h(t) = \frac{\mathrm{d}}{\mathrm{d}t}g(t)$。

由于 $g(t) = \mathrm{e}^{-t}u(t)$，所以在 $t \geq 0$ 时，$g(t) = \mathrm{e}^{-t}$；在 $t < 0$ 时，$g(t) = 0$。

在 $t \geq 0$ 时，$h(t) = \frac{\mathrm{d}}{\mathrm{d}t}\mathrm{e}^{-t} = -\mathrm{e}^{-t}$。

在 $t < 0$ 时，$g(t) = 0$ 对时间的导数仍为 0，所以 $h(t) = 0$。

在 $t = 0$ 时，单位阶跃函数 $u(t)$ 的导数是单位冲激函数 $\delta(t)$。

由于 $\frac{\mathrm{d}}{\mathrm{d}t}g(t) = -\mathrm{e}^{-t} \cdot u(t) + \mathrm{e}^{-t} \cdot \delta(t)$，所以合并结果得到 $h(t) = -\mathrm{e}^{-t}u(t) + \mathrm{e}^{-t}\delta(t)$，所以单位冲激响应为 $h(t) = \mathrm{e}^{-t}\delta(t) - \mathrm{e}^{-t}u(t)$。

2.5　卷积和卷积的性质

2.5.1　卷积

卷积方法的研究起源于 19 世纪初期，是由数学家如欧拉（Euler）和泊松（Poisson）等人首先探索的。欧拉在函数分析中的贡献为卷积理论奠定了数学基础，而泊松则在概率理论和积分变换方面作出了重要的贡献。卷积的现代形式已逐步形成，重要的进展之一是在 1833 年由法国工程师杜阿美尔（Duhamel）完成的。杜阿

美尔的工作不仅系统化了卷积的理论，也为后续的研究提供了重要参考。随着科技的进步和计算机技术的发展，卷积方法已被广泛应用于多个领域。在信号处理、图像处理、系统控制等领域，卷积不仅用于滤波、去噪，还用于特征提取等复杂操作。卷积的强大功能在许多实际应用中得到了充分体现，如在图像处理中的模糊操作、音频处理中的回声效应等。反卷积作为卷积的逆运算，在解决实际问题时也发挥了重要作用。它用于从卷积的结果中恢复原始信号，这在许多领域中具有实际意义。例如，在地震勘探中，反卷积可以帮助从地震波形中提取地下结构信息；在超声诊断中，反卷积用于提高图像的分辨率和清晰度；在光学成像中，它可以帮助重建被模糊的图像。

卷积方法的原理是基于将信号分解为冲激信号（也称为单位脉冲信号）的叠加，利用系统的冲激响应 $h(t)$ 来求解系统对任意激励信号的零状态响应。对于任意两个信号 $f_1(t)$ 和 $f_2(t)$，它们的卷积运算可以通过以下公式定义。

$$f(t) = f_1(t) * f_2(t) = \int_{-\infty}^{+\infty} f_1(\tau) f_2(t-\tau) \mathrm{d}\tau \tag{2-18}$$

在卷积积分式（2-18）中，τ 是一个虚设的积分变量。它用于将信号 $f_1(t)$ 的每一个时刻的值与信号 $f_2(t)$ 在 $t-\tau$ 处的值进行乘积并求和。τ 是为了避免变量混淆而引入的，不直接影响最终结果。实际上，它是一个中间计算过程的变量，用来遍历所有可能的移位量。卷积积分的结果是一个新的函数 $f(t)$，它是连续时间 t 的函数。$f(t)$ 是通过对 $f_1(t)$ 和 $f_2(t)$ 进行卷积得到的，它反映了系统响应 $f_2(t)$ 对输入信号 $f_1(t)$ 的整体影响。卷积积分的实质是一个关于移位量 t 的连续时间函数，即卷积的结果 $f(t)$ 描述了信号 $f_1(t)$ 在系统 $f_2(t)$ 作用下的响应。通过调整 t 可以得到不同时间点的卷积结果，从而完全描述系统的响应行为。

卷积运算可以看作将一个信号 $f_1(t)$ 分解为一系列冲激信号（单位脉冲信号）的叠加，然后通过每个冲激信号与另一个信号 $f_2(t)$ 的响应来计算整体的输出信号。这种分解和叠加方法有助于理解复杂信号的行为。

如果将 $f_1(t)$ 看作系统的输入信号，$f_2(t)$ 看作系统的冲激响应（脉冲响应），那么卷积运算 $f_1(t) * f_2(t)$ 就表示系统对输入信号 $f_1(t)$ 的响应。这个响应是通过对系统的每一个时间点的冲激响应 $f_2(t)$ 进行加权平均得到的，其中权重由 $f_1(t)$ 决定。

在卷积积分的定义式中，积分限通常取 $-\infty$ 到 $+\infty$，这种表示方法适用于一般情况，即没有对 $f_1(t)$ 和 $f_2(t)$ 的作用时间范围加以限制。然而，在实际应用中，尤其是在考虑系统的因果性或激励信号的实际时间范围时，积分限可能会发生变化。

在实际应用中，因果系统的输入信号和输出信号往往具有时间局限性。例如，

如果信号 $f_1(t)$ 和 $f_2(t)$ 仅在某个有限时间区间内有效，那么卷积积分的实际积分限也应相应调整为该时间区间。这种调整是正确进行卷积计算的关键步骤，可以通过对卷积过程进行图形分析来更清楚地理解。

卷积积分主要是通过图解法和直接计算法进行计算的。

（1）图解法。在信号与系统的连续时间系统时域分析中，卷积积分的图解法是一种直观的计算方法，通过图形操作展示了卷积的计算过程和物理意义。图解法主要通过对两个信号进行翻转、平移和重叠积分来实现卷积的计算。具体而言，首先将一个信号 $h(t)$ 按时间轴进行翻转，得到 $h(-\tau)$，这一操作的目的是为后续的平移和叠加做准备。接着，对翻转后的信号进行平移，将其变为 $h(t-\tau)$，其中 t 是一个可变的时间变量，通过改变 t 值可以观察两个信号在不同时间下的相对位置关系。

当两个信号 $x(\tau)$ 和 $h(t-\tau)$ 重叠时，在每个时间点 t 计算它们在重叠区域的乘积并进行积分，这一积分的结果即为该时刻卷积的值 $y(t) = x(t) \cdot h(t)$。具体来说，在图上，重叠区域的乘积和积分可以通过观察两个信号在各个位置的重叠部分的面积来表示，进而形成一个随时间变化的曲线，最终描绘出卷积的输出信号。

图解法的优势在于，通过视觉化的方式帮助人们理解卷积的操作过程。人们可以直观地看到随着 t 的变化，两个信号的重叠如何影响输出信号的形状。这种方法不仅揭示了卷积运算的物理本质，还让数学计算更具象化，有助于加深人们对卷积积分的理解。

（2）直接计算法。使用卷积积分公式直接进行计算，这种方法适用于理论分析和解析解的求取。在计算过程中需要明确积分限的调整，确保结果的准确性。

【例题 2.7】求解 $e^{-t}u(t)$ 与 $e^{-2t}u(t)$ 的卷积。

解：对于两个信号 $e^{-t}u(t)$ 和 $e^{-2t}u(t)$，根据卷积运算定义可得出

$$e^{-t}u(t) * e^{-2t}u(t) = \int_{-\infty}^{+\infty} e^{-\tau}u(\tau) \cdot e^{-2(t-\tau)}u(t-\tau)d\tau$$

由于单位阶跃函数 $u(t)$ 限制信号在 $t \geq 0$ 时有效，因此卷积积分的实际范围是 $\tau \geq 0$ 和 $t - \tau \geq 0$，即 $t \geq 0$ 时积分区间为 $0 \leq \tau \leq t$。

将 $e^{-\tau}$ 和 $e^{-2(t-\tau)}$ 代入公式并计算积分得到

$$e^{-t}u(t) * e^{-2t}u(t) = \int_0^t e^{-\tau} \cdot e^{-2(t-\tau)}d\tau$$

将指数项合并得到 $e^{-\tau} \cdot e^{-2(t-\tau)} = e^{-\tau} \cdot e^{-2t+2\tau} = e^{-2t} \cdot e^{\tau}$，

所以卷积积分变为 $f(t) = e^{-2t}\int_0^t e^{\tau}d\tau$。

计算 $\int_0^t e^{\tau}d\tau$ 得到 $\int_0^t e^{\tau}d\tau = e^{\tau}\Big|_0^t = e^t - 1$，

因此 $e^{-t}u(t)*e^{-2t}u(t)=e^{-2t}\cdot(e^{t}-1)=e^{-t}-e^{-2t}$。

【例题 2.8】求解 $u(t)$ 与 $u(t)$ 的卷积。

解：对于 $u(t)$ 与 $u(t)$，根据卷积运算定义可得

$$u(t)*u(t)=\int_{-\infty}^{+\infty}f_{1}(\tau)\cdot f_{2}(t-\tau)\mathrm{d}\tau$$

其中 $f_{1}(t)=u(t)$，$f_{2}(t)=u(t)$，$u(t)$ 是单位阶跃函数。

所以 $f_{1}(\tau)=u(\tau)$，$f_{2}(t-\tau)=u(t-\tau)$。

由于 $u(\tau)$ 和 $u(t-\tau)$ 的作用，积分范围应当从 0 到 t，即 τ 的范围是 0 到 t，因此可得 $u(t)*u(t)=\int_{0}^{t}u(\tau)\cdot u(t-\tau)\mathrm{d}\tau=\int_{0}^{t}1\cdot1\mathrm{d}\tau=t$。

在进行卷积计算时，单位阶跃函数的作用是定义函数在特定范围内的值。在这个问题中，由于卷积积分的范围是 0 到 t，而在这个范围内，两个单位阶跃函数都是 1，所以可以直接计算它们的积分结果。

【例题 2.9】求解 $tu(t)$ 与 $e^{-t}u(t)$ 的卷积。

解：根据卷积运算定义可得 $f(t)=f_{1}(t)*f_{2}(t)=\int_{-\infty}^{+\infty}f_{1}(\tau)\cdot f_{2}(t-\tau)\mathrm{d}\tau$，在本题中 $f_{1}(t)=tu(t)$，$f_{2}(t)=e^{-t}u(t)$，$f_{1}(\tau)=\tau u(\tau)$，$f_{2}(t-\tau)=e^{-(t-\tau)}u(t-\tau)$，积分范围应当从 0 到 t。

由于在 $0\le\tau\le t$ 的区间内，单位阶跃函数 $u(\tau)$ 和 $u(t-\tau)$ 都为 1，所以 $f(t)=\int_{0}^{t}\tau u(\tau)\cdot e^{-(t-\tau)}u(t-\tau)\mathrm{d}\tau=\int_{0}^{t}\tau\cdot e^{-(t-\tau)}\mathrm{d}\tau=e^{-t}\int_{0}^{t}\tau\cdot e^{\tau}\mathrm{d}\tau$。

下面对 $\int_{0}^{t}\tau\cdot e^{\tau}\mathrm{d}\tau$ 进行积分，

因为 $\int\tau e^{\tau}\mathrm{d}\tau=\tau e^{\tau}-\int e^{\tau}\mathrm{d}\tau=\tau e^{\tau}-e^{\tau}$，

所以 $\int_{0}^{t}\tau e^{\tau}\mathrm{d}\tau=\left(\tau e^{\tau}-e^{\tau}\right)\big|_{0}^{t}=(te^{t}-e^{t})-(0-1)=te^{t}-e^{t}+1$。

将积分结果代入 $f(t)$ 得到

$$f(t)=e^{-t}\left(te^{t}-e^{t}+1\right)$$
$$=e^{-t}te^{t}-e^{-t}e^{t}+e^{-t}$$
$$=t-1+e^{-t}$$

因此，卷积结果为 $tu(t)*e^{-t}u(t)=t-1+e^{-t}$。这个结果是在 $t\ge0$ 的情况下得出的，因为单位阶跃函数 $u(t)$ 确保了卷积结果在 $t<0$ 时为 0。如果 $t<0$，整个卷积结果也为 0。因此，更完整的表达式是 $tu(t)*e^{-t}u(t)=(t-1+e^{-t})u(t)$。

【例题 2.10】求解 $u(t+2)$ 与 $u(t-3)$ 的卷积。

解：根据卷积运算定义可得 $u(t+2)*u(t-3)=\int_{-\infty}^{+\infty}u(\tau+2)\cdot u(t-\tau-3)\mathrm{d}\tau$。

单位阶跃函数 $u(t)$ 的特性决定了在卷积计算中，只有当其内部变量满足特定条件时，该函数的值才为 1。$u(\tau+2)$ 在 $\tau \geq -2$ 时为 1，否则为 0。$u(t-\tau-3)$ 在 $\tau \leq t-3$ 时为 1，否则为 0。因此，积分的有效范围是 $-2 \leq \tau \leq t-3$。

下面计算卷积积分，得

$$u(t+2)*u(t-3) = \int_{-2}^{t-3} d\tau = \tau \big|_{-2}^{t-3} = (t-3)-(-2) = t-3+2 = t-1$$

上述结果只在 $t-3 \geq -2$，即 $t \geq 1$ 时有效，因此最终结果为

$$u(t+2)*u(t-3) = \begin{cases} 0, & t < 1 \\ t-1, & t \geq 1 \end{cases}$$

卷积运算用于描述两个信号的叠加效应。两个函数 $f_1(t)$ 和 $f_2(t)$ 的卷积运算，遵循以下步骤。

（1）换元（变量替换）。将时间变量 t 替换为积分变量 τ，即将原函数 $f_1(t)$ 和 $f_2(t)$ 转换为 $f_1(\tau)$ 和 $f_2(\tau)$，并在积分过程中使用 τ 作为变量。

（2）反转。对第二个信号 $f_2(\tau)$ 进行反转操作，即将其转换为 $f_2(-\tau)$。这一步骤是卷积运算中的一个重要步骤，它反映了信号在时间轴上的反向操作。

（3）时移（平移）。将反转后的信号 $f_2(-\tau)$ 平移 t 个单位，得到 $f_2(t-\tau)$。在这一过程中，t 被视作常数，而 τ 是积分的变量。这个步骤调整了信号的位置以适应卷积运算的需求。

（4）相乘。将 $f_1(\tau)$ 与 $f_2(t-\tau)$ 进行逐点相乘。这个操作结合了两个信号在每一个时刻的重叠情况，形成卷积运算的核心部分。

（5）积分。对 $f_1(\tau)$ 和 $f_2(t-\tau)$ 的乘积进行积分。积分的范围通常是整个 τ 的定义域，这个积分操作计算了信号重叠区域的面积，从而得到卷积结果在时刻 t 的值。

在分析线性时不变系统时，卷积运算提供了一种计算系统输出响应的方式。通过对输入信号与系统的脉冲响应（冲激响应）进行卷积计算，可以得到系统在任意时刻对输入信号的响应。

2.5.2 卷积的性质

作为一种数学运算，卷积运算具有一些基本性质，一方面利用这些性质可以简化卷积运算，另一方面这些性质在信号与系统分析中具有很重要的作用。

卷积运算作为一种重要的数学运算方式，拥有一系列独特的和基本的性质。这些性质不仅可以帮助人们更简捷、高效地进行卷积运算，还在信号处理、系统分析等领域中起着重要作用。通过对这些性质的深入理解和灵活运用，人们可以将复杂

的卷积问题转化为简单易解的形式，从而在理论和实际应用中取得事半功倍的效果。只有掌握这些性质才能更好地理解和描述现实世界中的信号处理问题，进而设计出更加精确和高效的算法来解决实际问题。

1. 卷积的代数运算

（1）交换律。卷积的交换律是指卷积操作具有交换性，即对两个信号进行卷积，交换它们的位置不会改变结果，可以表示为

$$f_1(t) * f_2(t) = f_2(t) * f_1(t) \tag{2-19}$$

通过积分运算的性质来证明卷积的交换律。

卷积运算定义为 $f(t) = f_1(t) * f_2(t) = \int_{-\infty}^{+\infty} f_1(\tau) f_2(t-\tau) d\tau$。

将卷积运算的定义进行变量替换，设 $\lambda = t - \tau$，则 $d\lambda = -d\tau$，代入卷积运算定义中得到 $f_1(t) * f_2(t) = \int_{-\infty}^{+\infty} f_1(t-\lambda) f_2(\lambda) d\lambda$。重新排列积分的顺序，将 λ 替换回 τ，即 $f_1(t) * f_2(t) = \int_{-\infty}^{+\infty} f_2(\tau) f_1(t-\tau) d\tau$。因为 $f_2(t) * f_1(t) = \int_{-\infty}^{+\infty} f_2(\tau) f_1(t-\tau) d\tau$，所以 $f_1(t) * f_2(t) = f_2(t) * f_1(t)$，即卷积运算满足交换律。

在滤波器设计中，不论输入信号和冲激响应的顺序如何变化，最终的滤波效果（输出）不会受到影响。这反映了卷积操作的交换律特性。

（2）分配律。卷积的分配律是指卷积操作对加法具有分配性，可以表示为

$$f_1(t) * [f_2(t) + f_3(t)] = f_1(t) * f_2(t) + f_1(t) * f_3(t) \tag{2-20}$$

根据卷积运算的定义，得

$$f_1(t) * [f_2(t) + f_3(t)] = \int_{-\infty}^{+\infty} f_1(\tau) [f_2(t-\tau) + f_3(t-\tau)] d\tau$$

将卷积的积分拆开，得

$$f_1(t) * [f_2(t) + f_3(t)] = \int_{-\infty}^{+\infty} f_1(\tau) f_2(t-\tau) d\tau + \int_{-\infty}^{+\infty} f_1(\tau) f_3(t-\tau) d\tau$$
$$= f_1(t) * f_2(t) + f_1(t) * f_3(t)$$

这表明卷积运算满足分配律。

（3）结合律。卷积的结合律是指卷积操作具有结合性，即三个信号的卷积可以任意组合计算，可以表示为

$$[f_1(t) * f_2(t)] * f_3(t) = f_1(t) * [f_2(t) * f_3(t)] \tag{2-21}$$

证明：根据卷积运算的定义，首先计算左边的表达式 $[f_1(t) * f_2(t)] * f_3(t)$，即

$$[f_1(t) * f_2(t)] * f_3(t) = \int_{-\infty}^{+\infty} \left[\int_{-\infty}^{+\infty} f_1(t-\lambda) f_2(\lambda) d\lambda \right] f_3(t-\tau) d\tau$$

将内层积分和外层积分交换顺序。

对内层积分进行变换，得

$$\int_{-\infty}^{+\infty}\left[\int_{-\infty}^{+\infty}f_1(t-\lambda)f_2(\lambda)\mathrm{d}\lambda\right]f_3(t-\tau)\mathrm{d}\tau=\int_{-\infty}^{+\infty}f_2(\lambda)\left[\int_{-\infty}^{+\infty}f_1(t-\lambda)f_3(t-\tau)\mathrm{d}\tau\right]\mathrm{d}\lambda$$

将内层积分变成 f_3 的卷积，得

$$\int_{-\infty}^{+\infty}f_1(t-\lambda)f_3(t-\tau)\mathrm{d}\tau=\int_{-\infty}^{+\infty}f_3(\tau)f_1(t-\lambda-\tau)\mathrm{d}\tau=f_1(t-\lambda)*f_3(t)$$

因此

$$[f_1(t)*f_2(t)]*f_3(t)=\int_{-\infty}^{+\infty}f_2(\lambda)\left[f(\lambda)*f_3(t)\right]\mathrm{d}\lambda$$
$$=f_1(t)*[f_2(t)*f_3(t)]$$

所以卷积运算满足结合律。

在多级滤波器的设计中，通过结合性可以简化计算过程。在复杂系统中，卷积结合性的利用有助于简化系统分析和设计。

2. 卷积的微分

两个函数卷积后的导数等于其中一个函数的导数与另一个函数的卷积，或者等于另一个函数的导数与第一个函数的卷积，可以表示为

$$\frac{\mathrm{d}}{\mathrm{d}t}[f_1(t)*f_2(t)]=\frac{\mathrm{d}f_1(t)}{\mathrm{d}t}*f_2(t)=f_1(t)*\frac{\mathrm{d}f_2(t)}{\mathrm{d}t} \qquad (2-22)$$

证明：根据卷积运算的定义，得

$$f_1(t)*f_2(t)=\int_{-\infty}^{+\infty}f_1(\tau)f_2(t-\tau)\mathrm{d}\tau$$

对 t 进行微分，得

$$\frac{\mathrm{d}}{\mathrm{d}t}[f_1(t)*f_2(t)]=\frac{\mathrm{d}}{\mathrm{d}t}\left[\int_{-\infty}^{+\infty}f_1(\tau)f_2(t-\tau)\mathrm{d}\tau\right]$$

将微分和积分交换顺序，得

$$\frac{\mathrm{d}}{\mathrm{d}t}[f_1(t)*f_2(t)]=\int_{-\infty}^{+\infty}f_1(\tau)\frac{\mathrm{d}}{\mathrm{d}t}f_2(t-\tau)\mathrm{d}\tau$$

因为

$$\frac{\mathrm{d}}{\mathrm{d}t}f_2(t-\tau)=\frac{\mathrm{d}f_2(t-\tau)}{\mathrm{d}(t-\tau)}\cdot\frac{\mathrm{d}(t-\tau)}{\mathrm{d}t}=\frac{\mathrm{d}f_2(t-\tau)}{\mathrm{d}(t-\tau)}$$

所以

$$\frac{\mathrm{d}}{\mathrm{d}t}[f_1(t)*f_2(t)]=\int_{-\infty}^{+\infty}f_1(\tau)\frac{\mathrm{d}f_2(t-\tau)}{\mathrm{d}(t-\tau)}\mathrm{d}\tau=f_1(t)*\frac{\mathrm{d}f_2(t)}{\mathrm{d}t}$$

同理，可以证明 $\dfrac{\mathrm{d}}{\mathrm{d}t}[f_1(t)*f_2(t)]=\dfrac{\mathrm{d}f_1(t)}{\mathrm{d}t}*f_2(t)$。

3. 卷积的时移特性

卷积具有时移特性，即将一个信号在时间轴上平移 t_0 后，其卷积结果与平移前卷积结果平移 t_0 是相同的，可以表示为

$$f_1(t) * f_2(t - t_0) = f_1(t - t_0) * f_2(t) = (f_1 * f_2)(t - t_0) \qquad （2\text{--}23）$$

证明：通过替换 $t' = t - t_0$，可以得到

$$(f_1 * f_2)(t - t_0) = \int_{-\infty}^{+\infty} f_1(\tau) f_2\left[(t - t_0) - \tau\right] \mathrm{d}\tau = \int_{-\infty}^{+\infty} f_1(\tau) f_2\left[t - (\tau + t_0)\right] \mathrm{d}\tau$$

这就是 $f_1(t - t_0) * f_2(t)$。

4. 与冲激函数或阶跃函数的卷积

任意函数与冲激函数的卷积等于该函数本身，冲激函数在卷积操作中充当单位元，可以表示为 $f(t) * \delta(t) = f(t)$。

任意函数与阶跃函数的卷积等于该函数在该点之前的积分，阶跃函数在卷积操作中用于积分平滑处理，可以表示为 $f(t) * u(t) = \int_{-\infty}^{t} f(\tau) \mathrm{d}\tau$。

习　题

1. 已知某线性时不变系统的微分方程为 $\dfrac{\mathrm{d}^2 r(t)}{\mathrm{d}t^2} + \dfrac{\mathrm{d}r(t)}{\mathrm{d}t} + 2r(t) = \dfrac{\mathrm{d}e(t)}{\mathrm{d}t} + 4e(t)$，则该系统的单位冲激响应 $h(t)$ 为（　　）。

A. $(3\mathrm{e}^{-t} - 2\mathrm{e}^{-2t})u(t)$ 　　　　　B. $(-2\mathrm{e}^{-t} + 3\mathrm{e}^{-2t})u(t)$

C. $3\mathrm{e}^{-t} - 2\mathrm{e}^{-2t}$ 　　　　　　　　D. $-2\mathrm{e}^{-t} + 3\mathrm{e}^{-2t}$

2. 关于线性时不变系统的响应，下列说法正确的是（　　）。

A. 强迫响应就是稳态响应

B. 自出响应就是系统的零输入响应

C. 强迫响应是零状态响应的一部分

D. 单位冲激响应是 $\delta(t)$ 作用于系统的全响应

3. 决定线性时不变系统零状态响应的是（　　）。

A. 激励信号 　　　　　　　　　　B. 系统参数

C. 系统参数和起始状态 　　　　　D. 系统参数和激励信号

4.$[u(t)-u(t-1)]*u(t)$ 的结果为（   ）。

A. $t[u(t)-u(t-1)]$

B. $(t-1)u(t)$

C. $tu(t-1)$

D. $tu(t)-(t-1)u(t-1)$

5.已知某线性时不变系统的单位冲激响应为 $h(t)=e^{-2t}u(t)$，当激励为 $f(t)=e^{-3t}u(t)$ 时，零状态响应 $y(t)$ 为（   ）。

A. $(e^{-2t}-e^{-3t})u(t)$

B. $(2e^{-2t}-3e^{-3t})u(t)$

C. $(e^{-3t}-e^{-2t})u(t)$

D. $(3e^{-3t}-2e^{-2t})u(t)$

6.下列表达式中正确的是（   ）。

A. $\delta(2t)=\delta(t)$

B. $\delta(2t)=\frac{1}{2}\delta(t)$

C. $\delta(2t)=2\delta(t)$

D. $\delta(2t)=\delta\left(\frac{2}{t}\right)$

7.卷积 $tu(t)*u(t-2)$ 的值为_____。

8.判断题。

（1）信号经过线性时不变系统，其输出不会产生与输入信号频率成分不同的频率分量。（   ）

（2）若 $x(t)$ 和 $h(t)$ 是奇函数，则 $y(t)=x(t)*h(t)$ 是偶函数。（   ）

第 3 章 离散时间系统的时域分析

随着近代数学技术的发展，离散信号在数字信号处理、数字控制系统和通信系统等领域中的应用越来越广泛。这些技术的进步使人们能够更精确地分析和处理离散时间系统，从而在实际应用中取得更好的性能和效果。离散信号和系统的分析与连续信号和系统的分析在许多方面是相似的，并且在许多分析技术和理论上是相互平行的。尽管如此，两者的数学模型和分析方法也各具特点。在系统特性的描述方面，连续时间系统通常使用微分方程来建立其数学模型。微分方程通过描述系统状态的变化率，提供了系统的动态特性。与此相对，离散时间系统的数学模型则是差分方程。差分方程用于描述离散时间序列中变量的关系，类似于微分方程在连续时间系统中的作用。差分方程和微分方程的解法在很大程度上是对应的，尽管具体方法和技术有所不同。在时域分析中，连续时间系统的核心概念包括冲激响应和卷积积分。冲激响应是系统对单位脉冲输入的响应，而卷积积分则用于描述任意输入信号对系统的响应。同样地，在离散时间系统的时域分析中，单位序列响应和卷积和发挥了重要作用。单位序列响应是离散时间系统对单位脉冲序列的反应，而卷积和用于计算任意离散输入信号的响应。这些概念在各自的时域分析中具有类似的作用和重要性。在系统分析的方法方面，连续时间系统可以采用时域分析法、频域分析法和 s 域分析法。时域分析直接处理系统的时间响应，频域分析关注信号的频率特性，而 s 域分析则利用拉普拉斯变换来分析系统的行为。对于离散时间系统，相应的分析方法包括时域分析法、频域分析法和 z 域分析法。时域分析类似于连续时间系统，频域分析关注离散信号的频率成分，而 z 域分析则使用 z 变换来分析离散时间系统的行为。在系统响应的分解方面，无论是连续时间系统还是离散时间系统，都可以将响应分解为零输入响应和零状态响应，以及自由响应和受迫响应。零输入响应描述了系统在没有外部输入时的自然响应，而零状态响应则是系统在初始状态为零时对外部输入的响应。自由响应和受迫响应则分别对应于系统的自然响应和对输入信号的响应。

本章主要介绍离散时间系统的时域分析，具体包括离散信号——序列、离散时间系统的数学模型、常系数线性差分方程的求解、离散时间系统的单位样值响应、卷积和与解卷积等五部分内容。

3.1　离散信号——序列

3.1.1　离散信号的数学描述

离散信号是一个在离散时刻取样的信号序列。与连续信号不同，离散信号只在特定的离散时刻有定义，而在其他时刻则没有定义。这些离散时刻可以间隔均匀也可以不均匀。

在均匀时间间隔情况下，离散信号在时间轴上的取样间隔是固定的，通常设定为 T。例如，如果人们选择每隔 0.1 秒取样一次，间隔 T 就是 0.1 秒。在均匀时间间隔下，离散信号可以表示为 $f(nT)$，其中 n 是一个整数，表示离散时刻的序号。此时，信号的值在时刻 nT 处为 $f(nT)$。在实际应用中，某些情况下信号的取样间隔可能是不均匀的，即离散时刻之间的时间间隔不相等。这种情况通常需要更复杂的数据处理方法来处理不规则的采样时间。

离散信号的处理通常涉及数据的存储和访问。这些信号常常存放在计算机处理器的存储单元中，以便于随时取用。在某些应用中，信号处理需要实时进行，这要求信号数据能够被快速从存储器中读取，并立即处理。在有些情况下，信号数据可能会先被记录下来，然后在稍后的时间内处理。这种处理方式适用于不需要实时响应的应用，例如视频数据分析、长期趋势分析。在这种情况下，信号数据可以先被存储在硬盘或其他存储介质中，然后在需要时读取和分析。

考虑到上述情况，为了简化离散信号的表示，在实际处理中人们常常将时间间隔 T 从信号表示中省略，而直接用 $f(n)$ 来表示离散信号。这里，n 是一个整数，表示信号的序号或索引，而不是具体的时间。用 $f(n)$ 表示离散信号不但简便而且具有更为普遍的意义，即离散变量 n 可以不限于代表时间。人们可以把离散信号看作一组序列值的集合，因此离散信号也被称为序列。

离散信号可以用函数解析式表示，也可以用集合的方式表示，还可以用图形的方式表示。例如对于一个离散信号 $f(n)$，其函数解析式表示为

$$f(n) = \begin{cases} 2^n, & n \geqslant 0 \\ 0, & n < 0 \end{cases} \quad\quad (3\text{-}1)$$

用集合的方式表示就是将离散信号按 n 的增长方式罗列出来一组有序的数，这样，上述序列 $f(n)$ 可以表示为

$$f(n) = \{\cdots 0,\ 0,\ 1,\ 2,\ 4,\ 8 \cdots\} \quad\quad (3\text{-}2)$$

3.1.2　常见的离散信号

1. 单位序列

单位序列也称为单位脉冲序列，是一种特殊的离散信号，它在某个特定的离散时刻（通常是 $n=0$）取值为 1，而在其他所有时刻取值为 0。通常用 $\delta(n)$ 表示，定义为

$$\delta(n) = \begin{cases} 1, & n = 0 \\ 0, & n \neq 0 \end{cases} \quad\quad (3\text{-}3)$$

单位序列在离散时间系统中的作用类似于连续时间系统中的单位冲激函数 $\delta(t)$。单位冲激函数 $\delta(t)$ 是一个理想化的、奇异的信号，其特点是在 $t=0$ 时，信号的脉冲宽度趋近于零，但幅度趋近于无限大。该信号的数学表达方式在理论上用于描述一种极限情况，在实际中难以直接实现。而离散时间的单位序列 $\delta(n)$ 与此不同，它是一个非奇异信号，其在 $n=0$ 处取一个有限值 1。在离散信号的定义范围内，单位序列具有明确且有限的幅度，易于实际应用和处理。单位序列在离散时间系统中的应用非常广泛。它常被用作系统的冲激响应测试信号，也用于分析系统对特定输入的响应。

当单位序列 $\delta(n)$ 被移位 m 个单位时，得到的序列是 $\delta(n-m)$。这表示序列 $\delta(n)$ 在 $n=m$ 位置上有一个脉冲，在其他位置为零。

单位序列 $\delta(n)$ 的一个重要特性是加权性或取样性，即对于任何离散信号 $f(n)$，有

$$f(n)\delta(n) = f(0)\delta(n) \quad\quad (3\text{-}4)$$

任何信号 $f(n)$ 与单位序列 $\delta(n)$ 相乘，结果仍然是一个单位序列 $\delta(n)$，但其幅度被信号在 $n=0$ 处的值 $f(0)$ 加权。这一性质使 $\delta(n)$ 成为提取信号特定点值的工具。

对于延时的单位序列 $\delta(n-m)$，有

$$f(n)\delta(n-m) = f(m)\delta(n-m) \tag{3-5}$$

信号 $f(n)$ 在 $k=n$ 处的值 $f(n)$ 被提取并与移位的单位序列 $\delta(n-m)$ 相乘，结果保留了 $f(m)$ 在 $m=n$ 处的值。这种特性可以用来表示信号在特定位置的加权情况。

利用单位序列的加权特性，可以将任意离散信号 $f(n)$ 表示为单位序列的加权和，即

$$f(n) = \cdots + f(-2)\delta(n+2) + f(-1)\delta(n+1) + f(0)\delta(n) + f(1)\delta(n-1) + f(2)\delta(n-2) + \cdots$$

$$= \sum_{n=-\infty}^{+\infty} f(m)\delta(n-m) \tag{3-6}$$

在这个表示中，信号 $f(n)$ 被重构为所有可能的单位序列 $\delta(n-m)$ 的加权和，其中每个单位序列的权重为 $f(m)$，这反映了信号在不同位置的值。

单位序列 $\delta(n)$ 还具有"筛选"特性，这一特性可以用公式表示为

$$\sum_{n=-\infty}^{+\infty} f(n)\delta(n) = f(0) \tag{3-7}$$

通过对信号 $f(n)$ 与 $\delta(n)$ 的求和，可以提取出信号在 $n=0$ 处的具体值 $f(0)$。这一特性推广到移位的单位序列 $\delta(n-m)$，有

$$\sum_{n=-\infty}^{+\infty} f(n)\delta(n-m) = f(n) \tag{3-8}$$

尽管单位序列 $\delta(n)$ 形式简单，但它在离散时间系统分析中起着重要的作用。它不仅可以用于信号的表示，还可以用于系统的响应分析、滤波器设计及信号处理等多个领域。

2. 单位阶跃序列

单位阶跃序列是一种离散信号，从某个特定时刻开始，所有后续时刻的值都为 1，在该特定时刻之前的所有值为 0。通常用 $u(n)$ 表示，定义为

$$u(n) = \begin{cases} 1, & n \geqslant 0 \\ 0, & n < 0 \end{cases} \tag{3-9}$$

这里，$u(n)$ 在 $n=0$ 处发生跳变，即在 $n=0$ 时序列值从 0 突然变为 1，此后保持 1 不变。

单位阶跃序列 $u(n)$ 可以表示为单位脉冲序列 $\delta(n)$ 的累积和，即

$$u(n) = \sum_{n=-\infty}^{k} \delta(n) = \sum_{n=0}^{k} \delta(n) \tag{3-10}$$

单位脉冲序列 $\delta(n)$ 可以表示为单位阶跃序列的差分，即

$$\delta(n) = u(n) - u(n-1) \tag{3-11}$$

单位脉冲序列 $\delta(n)$ 代表了单位阶跃序列 $u(n)$ 在 n 处的瞬时变化。

单位阶跃序列还具有截断的特性。给定一个双边序列 $f(n)$，通过与单位阶跃序列 $u(n)$ 相乘，可以将其"截断"为从 $n=0$ 开始的单边序列，即

$$f(n) \cdot u(n) = \begin{cases} f(n), & n \geq 0 \\ 0, & n < 0 \end{cases} \tag{3-12}$$

通过单位阶跃序列 $u(n)$，可以将信号的负时间部分"去除"，只保留从 $n=0$ 开始的部分。

单位阶跃序列用于描述系统的初始状态、表示从某一时刻开始的信号，以及作为其他信号的基准进行分析等。

3. 矩形序列

矩形序列是一种离散信号，其在某一时间区间内的值为 1，而在该区间之外的值为 0。该序列在一个有限的时间区间内保持恒定。矩形序列也称为门函数，矩形序列 $r(n)$ 定义为

$$r(n) = \begin{cases} 1, & 0 \leq n \leq N-1 \\ 0, & n < 0 \end{cases} \tag{3-13}$$

在这个定义中，矩形序列在 n 从 0 到 $N-1$ 的范围内取值为 1，而在其他位置取值为 0。这个特性使矩形序列在时间轴上形成一个宽度为 N 的矩形信号。

矩形序列可以用单位阶跃序列 $u(n)$ 来表示，即

$$r(n) = u(n) - u(n-N) \tag{3-14}$$

这里，$u(n)$ 是从 $n=0$ 开始的单位阶跃序列，而 $u(n-N)$ 是从 $n=N$ 开始的单位阶跃序列。差 $u(n) - u(n-N)$ 表示从 0 到 $N-1$ 区域内的矩形信号，其值为 1，在其他位置则为 0。

矩形序列的宽度为 N，即在从 0 到 $N-1$ 的范围内。矩形序列在其定义域内的振幅为 1。矩形序列在有限区间内取值，若超出该区间则为 0，不具有周期性。

4. 单边指数序列

单边指数序列是一种以指数函数为基础的离散信号。该序列的值随着时间的推

移按指数规律增长或衰减,其数学表达式为

$$x(n) = a^n \cdot u(n) \quad\quad (3-15)$$

式(3-15)中,$x(n)$ 表示单边指数序列在时间点 n 的值;a 是一个实数常量,称为指数因子;$u(n)$ 是单位阶跃函数。

单位阶跃函数 $u(n)$ 确保了序列仅在 $n \geq 0$ 时存在,即单边序列只在正时间轴上定义。

当 $|a| > 1$ 时,序列会发散。随着 n 的增加,序列的值会迅速增大或减小(取决于 a 的符号)。

当 $|a| < 1$ 时,序列会收敛,即序列的值会逐渐趋近于零。

当 $a > 0$ 时,序列的所有值为正。如果 $a > 1$,序列值会随 n 的增加而增大;如果 $0 < a < 1$,序列值会随 n 的增加而减小。

当 $a < 0$ 时,序列值会在正负数之间摆动,这是因为负数的幂次导致序列值在正负数之间交替。序列的振幅(正负数摆动的范围)会根据 $|a|$ 的大小而变化:如果 $|a| > 1$,振幅会增大;如果 $|a| < 1$,振幅会减小。

5. 正弦序列

正弦序列是基于正弦函数的离散信号,其值随时间变化而周期性地波动。正弦序列的数学表达式为

$$x(n) = A\sin(\omega_0 n + \varphi) \quad\quad (3-16)$$

式(3-16)中,A 为序列的振幅,决定波形的最大幅度;ω_0 为数字角频率,决定序列的周期;φ 为初相位,确定序列在时间点 $n = 0$ 时的起始位置。

正弦序列 $x(n)$ 为周期序列的条件是存在一个最小的正整数 N,使得 $x(n) = x(n+N)$,将其展开,得

$$A\sin(\omega_0(n+N) + \varphi) = A\sin(\omega_0 n + \varphi) \quad\quad (3-17)$$

所以

$$\omega_0 N = 2n\pi$$

式(3-17)中,n 是正整数。因此,正弦序列的周期 N 可以表示为

$$N = \frac{2n\pi}{\omega_0} \quad\quad (3-18)$$

如果 $\dfrac{2\pi}{\omega_0}$ 为整数,那么 2π 是正弦序列的角频率 ω_0 的某个整数倍。此时,序列是周期序列,周期为 $N = \dfrac{2\pi}{\omega_0}$。

例如，对于正弦序列 $\sin(\pi k)$，其角频率 $\omega_0 = \pi$，因此周期为 $N = \dfrac{2\pi}{\pi} = 2$。

如果 $\dfrac{2\pi}{\omega_0}$ 为有理数，即可以表示为 $\dfrac{P}{Q}$，其中 P 和 Q 为互质的整数，那么正弦序列仍然是周期序列。其周期为

$$N = Q$$

例如，设正弦序列为 $x(n) = \sin\left(\dfrac{2\pi}{3} n\right)$，其角频率 $\omega_0 = \dfrac{2\pi}{3}$。计算得到 $\dfrac{2\pi}{\omega_0} = \dfrac{2\pi}{\dfrac{2\pi}{3}} = 3$，

可以写成 $\dfrac{3}{1}$ 的形式，其中 $P = 3$，$Q = 1$。因此，该正弦序列 $x(n) = \sin\left(\dfrac{2\pi}{3} n\right)$ 是周期性的，且其周期为 $Q = 3$。

如果 $\dfrac{2\pi}{\omega_0}$ 为无理数，那么正弦序列不具有周期性，因为不存在一个正整数 N 使得序列在 N 点后重复。不过，这种情况下序列的样本值的包络仍然是周期信号。

例如，序列 $\sin(\sqrt{2}\pi n)$ 是非周期序列，但其包络仍然是周期信号。

6. 复指数序列

复指数序列是一种基于复指数函数的离散信号，其值是复数，通常表示为复指数的形式，其一般函数表达式为

$$x(n) = \mathrm{e}^{(a + j\omega_0)n} \tag{3-19}$$

式（3-19）中，a 是实数，影响序列幅值随时间的变化；ω_0 是角频率，决定序列的周期性特征；j 是虚数单位；n 是离散时间索引。

为了简化分析，可以将复指数序列分解为幅值因子和周期性部分，即

$$x(n) = \mathrm{e}^{an}\mathrm{e}^{j\omega_0 n} = r\mathrm{e}^{j\omega_0 n} \tag{3-20}$$

式（3-20）中，幅值因子 $r = \mathrm{e}^{an}$ 是实数，表示序列的幅值。

为了更清楚地理解复指数序列，可以利用欧拉公式展开其表达式，得到

$$\mathrm{e}^{j\omega_0 n} = \cos(\omega_0 n) + j\sin(\omega_0 n) \tag{3-21}$$

将其代入复指数序列的表达式中，得到

$$x(n) = r\left[\cos(\omega_0 n) + j\sin(\omega_0 n)\right] \tag{3-22}$$

复指数序列的实部可以表示为

$$\mathrm{Re}(x(n)) = r\cos(\omega_0 n) \tag{3-23}$$

复指数序列的虚部可以表示为

$$\mathrm{Im}(x(n)) = r\sin(\omega_0 n) \tag{3-24}$$

由此可以看出，复指数序列的实部和虚部都是幅值按指数规律变化的正弦信号。

当 $|r| > 1$ 时，复指数序列的幅值随着时间 n 的增加而增大，表现为增幅的正弦信号。

当 $|r| < 1$ 时，复指数序列的幅值随着时间 n 的增加而减小，表现为衰减的正弦信号。

当 $|r| = 1$ 时，复指数序列的幅值保持不变，表现为等幅的正弦信号。

当 $\omega_0 = 0$ 时，复指数序列简化为实指数序列，其表达式为 $x(n) = r$。此时，信号的实部与虚部都为常数，表示没有周期性变化。

当 $|r| = 1$ 且 $\omega_0 = 0$ 时，复指数序列的实部与虚部均为常数，形成直流信号，即幅值是不随时间变化的恒定值。

复指数序列在信号的频域分析中非常重要，特别是在傅里叶变换和频谱分析中被广泛应用。它也在调制和解调过程中起到关键作用。

这些离散信号在信号处理的不同领域中有着广泛的应用，其特性使得它们在系统分析、滤波、信号合成和数据通信等方面扮演着关键角色。通过理解和应用这些信号，可以更有效地进行信号处理和系统设计。

3.1.3 离散信号的基本运算

1. 序列的相加与相乘

（1）序列的相加。序列的相加是指两个离散时间序列在同一时刻的值逐项对应相加，从而得到一个新的序列。设有两个离散时间序列 $f_1(n)$ 和 $f_2(n)$，它们在时刻 n 的值分别为 $f_1(n)$ 和 $f_2(n)$，其和 $f(n)$ 在时刻 n 的值由以下公式给出：

$$f(n) = f_1(n) + f_2(n) \tag{3-25}$$

【例题 3.1】假设有以下两个序列：

$$f_1(n) = \{1, 2, 3, 4\}$$
$$f_2(n) = \{5, 6, 7, 8\}$$

求它们的和 $f(n)$。

解： $f(n) = \{1+5, 2+6, 3+7, 4+8\} = \{6, 8, 10, 12\}$。

【例题 3.2】已知序列

$$f(n) = \begin{cases} n+3, & n > 0 \\ -1, & n \leq 0 \end{cases}$$

$$h(n) = \begin{cases} n+3, & n > 0 \\ 0, & n \leq 0 \end{cases}$$

求序列 $f(n) + h(n)$。

解：根据序列相加的定义计算。

当 $n > 0$ 时，$f(n) + h(n) = (n+3) + (n+3) = 2(n+3)$；

当 $n \leq 0$ 时，$f(n) + h(n) = -1 + 0 = -1$。

因此

$$f(n) + h(n) = \begin{cases} 2(n+3), & n > 0 \\ -1, & n \leq 0 \end{cases}$$

（2）序列的相乘。序列的相乘是指两个离散时间序列在同一时刻的值逐项对应相乘，从而得到一个新的序列。设有两个离散时间序列 $f_1(n)$ 和 $f_2(n)$，它们在时刻 n 的值分别为 $f_1(n)$ 和 $f_2(n)$，其积 $f(n)$ 在时刻 n 的值由以下公式给出：

$$f(n) = f_1(n) \cdot f_2(n) \tag{3-26}$$

【例题 3.3】假设有以下两个序列：

$$f_1(n) = \{2, 3, 4, 5\}$$
$$f_2(n) = \{1, 2, 3, 4\}$$

求它们的积 $f(n)$。

解：$f(n) = \{2 \cdot 1, 3 \cdot 2, 4 \cdot 3, 5 \cdot 4\} = \{2, 6, 12, 20\}$。

【例题 3.4】已知序列

$$f(n) = \begin{cases} n+3, & n > 0 \\ -1, & n \leq 0 \end{cases}$$

$$h(n) = \begin{cases} n+3, & n > 0 \\ 0, & n \leq 0 \end{cases}$$

求序列 $f(n) \cdot h(n)$。

解：当 $n > 0$ 时，$f(n) \cdot h(n) = (n+3) \cdot (n+3) = (n+3)^2$；

当 $n \leq 0$ 时，$f(n) \cdot h(n) = (-1) \cdot 0 = 0$。

因此

$$f(n) \cdot h(n) = \begin{cases} (n+3)^2, & n > 0 \\ 0, & n \leq 0 \end{cases}$$

2. 序列的折叠与移位

（1）序列的折叠。序列的折叠是指将原序列 $f(n)$ 的自变量 n 替换为 $-n$，从而生成一个新的序列 $y(n)$。这个操作可以被视为对原序列在时间轴上的镜像反射，可以表示为

$$y(n) = f(-n) \tag{3-27}$$

（2）序列的移位。序列的移位是指将原序列 $f(n)$ 沿 n 轴逐项平移 m 位。移位可以是正向（向右移动）的，也可以是负向（向左移动）的。

向右移动 m 位的序列可以表示为

$$y(n) = f(n-m) \tag{3-28}$$

向左移动 m 位的序列可以表示为

$$y(n) = f(n+m) \tag{3-29}$$

3. 序列的抽取与插值

（1）序列的抽取。序列的抽取是指通过从原始序列中按照固定间隔选择数据点，从而减少数据的采样率。设原始序列为 $f(n)$，其中 n 为自变量，抽取因子为 a。抽取后的新序列 $y(n)$ 可以表示为

$$y(n) = f(an) \tag{3-30}$$

式中，n 是抽取后的序列中的索引；an 是原始序列中的索引。

在实际操作中，抽取是从原始序列中每隔 n 个样本取一个样本。例如，如果将抽取因子设为 3，那么每隔 3 个点取一个点，即从原始序列 $\{a_0, a_1, a_2, a_3, a_4, a_5, a_6\}$ 中抽取得到的序列是 $\{a_0, a_3, a_6\}$。

（2）序列的插值。序列的插值是通过在原始序列的数据点之间插入新的样本点，从而增加数据的采样率。

设原始序列为 $f(n)$，插值因子为 I。插值后的序列 $y(n)$ 可以通过在每两个原始样本点之间插入 $I-1$ 个零来构造，可以表示为

$$y(n) = \begin{cases} f\left(\dfrac{n}{I}\right), & n\text{是}I\text{的整数倍} \\ 0, & \text{其他情况} \end{cases} \tag{3-31}$$

在实际操作中，插值是通过在每两个原始样本点之间插入 $I-1$ 个零来实现的。例如，如果插值因子 I 设为 3，那么在每两个样本点之间插入 2 个零。这将从原始序列 $\{a_0, a_1, a_2\}$ 生成插值序列 $\{a_0, 0, 0, a_1, 0, 0, a_2\}$。

这种方法实际上是通过在原始序列中插入零来增加序列的采样率，插值因子 I

决定了新序列中的零的数量。插值后的序列提供了一个更加稠密的样本网格，虽然这些新样本的值仍然是零，实际的插值处理通常会在这些零样本上应用插值滤波器，以实现平滑的信号估计。

4. 序列的差分

在连续信号处理中，用微分来分析信号的变化。对于离散信号，用差分来代替微分。通过差分运算可以分析信号的变化趋势、系统的动态特性等。

对于离散信号 $f(n)$，一阶前向差分定义为

$$\Delta f(n) = f(n+1) - f(n) \tag{3-32}$$

前向差分用于计算当前时刻 n 和下一时刻 $n+1$ 之间的差值。这种差分方式可以用来估计信号的瞬时变化量。

假设序列 $y(n)$ 为 $\{2, 4, 6, 8\}$，则前向差分序列 $\Delta f(n)$ 为 $\{2, 2, 2\}$。

对于离散信号 $f(n)$，一阶后向差分定义为

$$\nabla f(n) = f(n) - f(n-1) \tag{3-33}$$

后向差分用于计算当前时刻 n 和前一时刻 $n-1$ 之间的差值。这种差分方式可以用来估计信号的变化量，但以当前时刻为基础，回顾之前的值。

对于序列 $f(n) = \{2, 4, 6, 8\}$，后向差分序列 $\nabla f(n)$ 为 $\{2, 2, 2\}$。

二阶前向差分定义为

$$\Delta^2 f(n) = \Delta[\Delta f(n)] = \Delta[f(n+1) - f(n)] \tag{3-34}$$

其计算过程为

$$\Delta^2 f(n) = [f(n+2) - f(n+1)] - [f(n+1) - f(n)]$$
$$= f(n+2) - 2f(n+1) + f(n) \tag{3-35}$$

二阶前向差分表示信号变化的变化量，用于捕捉信号的二阶动态特性。二阶前向差分能够反映信号曲线的凹凸变化。

对于序列 $f(n) = \{1, 4, 9, 16\}$，计算得到的二阶前向差分序列是 $\{2, 2\}$。

二阶后向差分定义为

$$\nabla^2 f(n) = \nabla[\nabla f(n)] = \nabla[f(n) - f(n-1)] \tag{3-36}$$

其计算过程为

$$\nabla^2 f(n) = [f(n) - f(n-1)] - [f(n-1) - f(n-2)]$$
$$= f(n) - 2f(n-1) + f(n-2) \tag{3-37}$$

二阶后向差分表示信号的二阶变化量，类似于前向差分，但以当前时刻为基准

回顾之前的值。

对于序列 $f(n)=\{1,4,9,16\}$ ，计算得到的二阶后向差分序列是 $\{2,2\}$ 。

【例题 3.5】给定序列 $f(n)=\{3,7,11,15\}$ ，计算一阶前向差分和一阶后向差分。

解：（1）一阶前向差分定义为 $\Delta f(n)=f(n+1)-f(n)$ 。

对于序列 $f(n)=\{3,7,11,15\}$ ，计算如下：

对于 $n=0$ ， $\Delta f(0)=f(1)-f(0)=7-3=4$ ；

对于 $n=1$ ， $\Delta f(1)=f(2)-f(1)=11-7=4$ ；

对于 $n=2$ ， $\Delta f(2)=f(3)-f(2)=15-11=4$ 。

因此，一阶前向差分序列为 $\Delta f(n)=\{4,4,4\}$ 。

（2）一阶后向差分定义为 $\nabla f(n)=f(n)-f(n-1)$ 。

对于序列 $f(n)=\{3,7,11,15\}$ ，计算如下：

对于 $n=1$ ， $\nabla f(1)=f(1)-f(0)=7-3=4$ ；

对于 $n=2$ ， $\nabla f(2)=f(2)-f(1)=11-7=4$ ；

对于 $n=3$ ， $\nabla f(3)=f(3)-f(2)=15-11=4$ 。

因此，一阶后向差分序列为 $\nabla f(n)=\{4,4,4\}$ 。

在这个例子中，一阶前向差分和一阶后向差分都相同，因为原始序列 $f(n)$ 是等差序列，差值保持一致。

【例题 3.6】对于序列 $f(n)=\{2,6,12,20\}$ ，计算二阶前向差分和二阶后向差分。

解：（1）要计算二阶前向差分，先计算一阶前向差分。根据一阶前向差分定义 $\Delta f(n)=f(n+1)-f(n)$ ，对于序列 $f(n)=\{2,6,12,20\}$ ，计算一阶前向差分如下：

对于 $n=0$ ， $\Delta f(0)=f(1)-f(0)=6-2=4$ ；

对于 $n=1$ ， $\Delta f(1)=f(2)-f(1)=12-6=6$ ；

对于 $n=2$ ， $\Delta f(2)=f(3)-f(2)=20-12=8$ 。

因此，一阶前向差分序列为 $\Delta f(n)=\{4,6,8\}$ 。

然后计算二阶前向差分。根据二阶前向差分定义 $\Delta^2 f(n)=\Delta[\Delta f(n)]=\Delta f(n+1)-\Delta f(n)$ ，对于一阶前向差分序列 $\Delta f(n)=\{4,6,8\}$ ，计算二阶前向差分如下：

对于 $n=0$ ， $\Delta^2 f(0)=\Delta f(1)-\Delta f(0)=6-4=2$ ；

对于 $n=1$ ， $\Delta^2 f(1)=\Delta f(2)-\Delta f(1)=8-6=2$ 。

因此，二阶前向差分序列为 $\Delta^2 f(n)=\{2,2\}$ 。

（2）要计算二阶后向差分，先计算一阶后向差分。根据一阶后向差分定义 $\nabla f(n)=f(n)-f(n-1)$ ，对于序列 $f(n)=\{2,6,12,20\}$ ，计算一阶后向差分如下：

对于 $n = 1$ ，$\nabla f(1) = f(1) - f(0) = 6 - 2 = 4$ ；

对于 $n = 2$ ，$\nabla f(2) = f(2) - f(1) = 12 - 6 = 6$ ；

对于 $n = 3$ ，$\nabla f(3) = f(3) - f(2) = 20 - 12 = 8$ 。

因此，一阶后向差分序列为 $\nabla f(n) = \{4, 6, 8\}$ 。

然后计算二阶后向差分。根据二阶后向差分定义 $\nabla^2 f(n) = \nabla[\nabla f(n)] = \nabla f(n) - \nabla f(n-1)$ ，对于一阶后向差分序列 $\nabla f(n) = \{4, 6, 8\}$ ，计算二阶后向差分如下：

对于 $n = 1$ ，$\nabla^2 f(1) = \nabla f(1) - \nabla f(0) = 6 - 4 = 2$ ；

对于 $n = 2$ ，$\nabla^2 f(2) = \nabla f(2) - \nabla f(1) = 8 - 6 = 2$ 。

因此，二阶后向差分序列为 $\nabla^2 f(n) = \{2, 2\}$ 。

在这个例子中，二阶前向差分和二阶后向差分都是相同的，这表明序列的二阶变化是一致的。

5. 序列的求和（累加）

序列的求和与连续时间系统中的积分运算相对应。在离散时间系统中，序列的求和操作定义为

$$y(n) = \sum_{k=-\infty}^{n} f(k) \qquad （3-38）$$

式（3-38）中，$y(n)$ 表示在时刻 n 的累积结果，是序列 $f(k)$ 从负无穷到时刻 n 的所有值的总和。这个累积的过程包括从序列开始直到当前时刻的所有数值。

在实际应用中，序列的求和操作用于计算一个序列在当前时刻及之前时刻的总和。$y(n)$ 是序列 $f(k)$ 从时间点负无穷到时间点 n 的累积和。这个过程类似于连续时间系统中的积分运算，但在离散时间情况下是以离散求和的形式出现的。例如，假设有一个离散信号 $f(k)$ ，人们希望了解在某一时刻 n 的总累积效应。通过计算得到的是从序列开始到时刻 n 所有样本的和，这种累积值可以用于分析信号的总量、能量或其他相关特性。

3.2　离散时间系统的数学模型

在前面的内容中，定义了连续时间系统的线性性质和时不变性质。对于离散时

间系统，也可以相应地定义线性系统和时不变系统。

所谓线性系统是指满足齐次性和叠加性的离散时间系统。设激励 $x_1(n)$ 产生的响应为 $y_1(n)$，激励 $x_2(n)$ 产生的响应为 $y_2(n)$。若激励的线性组合 $a\,x_1(n) + b\,x_2(n)$ 产生的响应为 $a\,y_1(n) + b\,y_2(n)$（其中 a 和 b 是常系数），则称该系统是线性系统。用数学语言描述如下。

若 $y_1(n) = F(x_1(n))$，$y_2(n) = F(x_2(n))$，对于线性系统，则有

$$F(ax_1(n) + bx_2(n)) = ay_1(n) + by_2(n) \tag{3-39}$$

当系统的初始条件不为零时，若系统可以分解为零输入响应和零状态响应，且同时满足零输入线性和零状态线性，则该系统也是线性系统。

设激励 $x(n)$ 产生的响应为 $y(n)$，而由激励 $x(n-i)$ 产生的响应为 $y(n-i)$（其中 i 是可正可负的整数），则称该系统是时不变系统。用数学语言描述如下。

若 $y(n) = F(x(n))$，对于时不变系统，则有 $F(x(n-i)) = y(n-i)$。

除上述线性、非线性、时变、时不变系统之外，离散时间系统还可以分为因果系统和非因果系统、稳定系统和不稳定系统等各种类型，本书后面所提的离散时间系统，如无特殊声明，均指线性时不变离散时间系统。

对于连续时间系统，系统的激励与响应均是连续信号，其数学模型用微分方程来描述；对于离散时间系统，系统的激励与响应均是离散信号，其数学模型可以用差分方程来描述。同连续时间系统一样，不同的离散时间系统也可以用相同的数学模型来描述。

差分方程是一种描述离散信号和系统动态行为的数学表达式。它通过将信号在时间上的递推关系进行量化，能够有效地描述系统的响应特性。

前向差分方程的形式为

$$y(n+k) + a_{n-1}y(n+k-1) + \cdots + a_1 y(n+1) + a_0 y(n)$$
$$= b_1 f(n+k) + b_0 f(n+k-1) + \cdots + b_m f(n+1) + b_{m-1} f(n) \tag{3-40}$$

式（3-40）中，$y(n)$ 表示系统的输出；$f(n)$ 表示系统的输入；a_1 和 b_1 为与系统特性相关的常数系数。前向差分方程强调未来输出是如何依赖于当前和过去的输入及输出的。

例如，在一个数字滤波器中，输出不仅依赖于当前输入，还依赖于过去的输入。前向差分方程描述了这种关系，使得人们能够根据输入信号预测输出信号。

后向差分方程表示为

$$y(n) + a_{n-1}y(n-1) + \cdots + a_1 y(n-k+1) + a_0 y(n-k)$$
$$= b_0 f(n) + b_{-1} f(n-1) + \cdots + b_{-m+1} f(n-m+1) + b_{-m} f(n-m) \quad （3-41）$$

后向差分方程主要关注当前输出如何依赖于过去的输出和过去的输入。

例如，在信号处理中，后向差分方程常用于处理回归问题，其中系统的当前状态取决于之前的状态和输入。这对于很多因果系统的建模非常有效。

前向差分方程和后向差分方程本质上体现的是同一系统的不同视角。两者之间可以较为简单地相互转换，具体选择哪种形式常常依赖于具体的应用场景。例如，在系统分析与建模中，通常采用后向差分方程，而在控制系统和状态空间模型中，更常使用前向差分方程。

差分方程的阶数是指输出序列的最大序号与最小序号之差。对于因果系统，激励信号的最大序号不能大于系统响应的最大序号，即 $m \leq n$。

差分方程不仅适用于离散时间系统的建模，还能够通过近似方法用于连续时间系统的数值计算。人们通常从一阶常系数线性微分方程出发，例如

$$\frac{\mathrm{d}y(t)}{\mathrm{d}t} + a_0 y(t) = bf(t) \quad （3-42）$$

对该微分方程进行采样，若时间间隔 T 足够小，可以将其转化为差分方程的形式，即

$$\frac{y((n+1)T) - y(nT)}{T} + a_0 y(nT) = bf(nT) \quad （3-43）$$

经过整理，得

$$y((n+1)T) - y(nT) + a_0 Ty(nT) = bTf(nT) \quad （3-44）$$

在此，大家可以看到微分方程在 T 足够小的情况下，恰好可以近似为差分方程。

3.3　常系数线性差分方程的求解

在信号处理与系统分析领域，常系数线性差分方程是一种重要的数学工具，用于描述离散时间系统中输入与输出之间的关系。这类方程不仅在理论研究中具有重

要地位，还在实际应用中有着广泛的应用，如数字滤波器设计、控制系统建模及数字信号处理等方面。要深入理解和分析一个离散时间系统，首先需要掌握如何有效地求解这些常系数线性差分方程。求解常系数线性差分方程常用的方法有递推解法（迭代法）和时域经典法。

3.3.1 递推解法（迭代法）

递推解法为一种解差分方程的原始手段，其基本原理是通过逐步迭代的方式，不断地将已知条件代入方程中，以推导出后续的数值解。这一方法在实际操作中既可以手动进行计算，也可以借助计算机自动进行计算。它的优势在于思路直观、方法简单、易于上手，它适用于各种规模的差分方程求解。然而，这种方法的局限性在于，它只能得到方程的数值解，而想要直接推导出一个完整的解析表达式作为最终答案则比较困难。因此，通过递推解法得到的结果通常是离散的，只在特定的点上有意义，而在连续性和导数等方面的性质则无法保证。

差分方程是具有递推关系的代数方程，若已知初始条件和激励，则可以利用迭代法求得差分方程的数值解。

【例题 3.7】一阶常系数线性差分方程为 $y(n) - y(n-1) = f(n)$ ，在 $n \geqslant 0$ 且已知初始状态为 $y(-1) = 0$ 的情况下，用递推法求激励为 $f(n) = u(n)$ 时系统的响应。

解：由原方程得

$$y(n) = f(n) + y(n-1) = u(n) + y(n-1)$$

初始条件为

$$y(0) = u(0) + y(-1) = 1 + 0 = 1$$

当 $n = 1$ 时，

$$y(1) = u(1) + y(0) = 1 + 1 = 2$$

当 $n = 2$ 时，

$$y(2) = u(2) + y(1) = 1 + 2 = 3$$

继续递推可以得到

$$y(n) = n + 1$$

最终，响应序列的函数表达式为

$$y(n) = (n+1)u(n)$$

【例题 3.8】某离散时间系统的差分方程为 $y(n) - 0.1y(n-1) = x(n)$ ，已知初始条件为 $y(-1) = 0$ ，输入激励为 $x(n) = nu(n)$ ，求输出响应 $y(n)$ 。

解：用迭代法求解差分方程 $y(n)-0.1y(n-1)=x(n)$，并且给定 $x(n)=nu(n)$，
$y(-1)=0$。

首先，替换 $x(n)$ 为 $nu(n)$：$y(n)-0.1y(n-1)=n$，由此可以得到递推公式

$$y(n)=0.1y(n-1)+n$$

从初始条件 $y(-1)=0$ 开始，逐步计算 $y(n)$ 的值。

$$y(0)=0.1y(-1)+0=0.1\cdot0+0=0$$

$$y(1)=0.1y(0)+1=0.1\cdot0+1=1$$

$$y(2)=0.1y(1)+2=0.1\cdot1+2=0.1+2=2.1$$

$$y(3)=0.1y(2)+3=0.1\cdot2.1+3=0.21+3=3.21$$

$$y(4)=0.1y(3)+4=0.1\cdot3.21+4=0.321+4=4.321$$

通过这种方式，可以继续计算更多的 $y(n)$ 值。如果需要更一般的形式，可以在
计算一定的 $y(n)$ 后，通过归纳法推导出通式。

用迭代法求解差分方程的思路非常清楚，该方法便于求出方程的数值解，而很
难写出方程的解析式。这种方法一般利用计算机来进行差分方程求解。

3.3.2　时域经典法

时域经典法的求解过程将问题分解为两个主要部分，即分别求解差分方程的齐
次解和特解。在获得齐次解和特解之后，利用边界条件来确定齐次解中的待定系
数，这些边界条件可能包括初始条件或其他特定的限制条件。虽然这种方法在理论
上具有明确的物理意义，能够直观地解释各响应分量之间的关系，但在实际应用
中，其求解过程相对复杂。特别是在处理实际问题时，计算过程可能涉及烦琐的代
数操作和多次迭代。由于其计算复杂度较高，在一些实际工程问题中，人们可能会
选择其他更为简便的数值方法或近似解法。

与微分方程的经典解类似，差分方程的经典解也可以分为齐次解和特解两部
分，即

$$y(k)=y_{\mathrm{h}}(k)+y_{\mathrm{p}}(k) \tag{3-45}$$

式中，$y_{\mathrm{h}}(k)$ 为差分方程的齐次解；$y_{\mathrm{p}}(k)$ 为差分方程的特解。

对于 n 阶线性差分方程，通常其标准形式可以表示为

$$\begin{aligned}&a_ny(k+n)+a_{n-1}y(k+n-1)+\cdots+a_1y(k+1)+a_0y(k)\\&=b_mx(k+m)+b_{m-1}x(k+m-1)+\cdots+b_1x(k+1)+b_0x(k)\end{aligned} \tag{3-46}$$

式中，$y(k)$ 是未知的输出序列；$x(k)$ 是已知的输入序列；a_0，$a_1,\cdots$，a_n 是差分方程

的系数，与输出序列 $y(k)$ 相关； b_0， b_1,…， b_m 是与输入序列 $x(k)$ 相关的系数； n 是差分方程的阶数，即最大延迟的阶数。

1. 齐次解

齐次差分方程是一种右侧无输入序列（为零）的线性差分方程。形式上， N 阶齐次线性差分方程可表示为

$$\sum_{k=0}^{N} a_k y(n-k) = 0 \qquad （3-47）$$

在此，将通过解析一阶与二阶线性齐次差分方程的推导过程，进而推导出 N 阶差分方程的齐次解求解过程。

考虑一阶线性齐次差分方程 $y(n) + ay(n-1) = 0$ ，首先假设齐次解采用指数形式，即 $y(n)$ 与待定的常数 C 和特征根 α 的 n 次幂成正比。这种形式体现了序列随时间呈指数增长或衰减的性质。

代入方程后，得到了一个与 C 成比例的项，这意味着 C 可以仅作为比例常数，不影响方程的解。

为了找到特征根 α ，将齐次解代入差分方程，然后消去常数 C 。由于 C 在任何有效的解中都可能是任意值，因此在求解过程中，可以任意设定其非零值。

消去 C 后，得到一个等式，这实际上是一个关于 α 的多项式方程，被称为特征方程。找到特征方程的解将为求解差分方程提供关键信息。

特征方程的解即为特征根。求出这些特征根后，就可以直接构造出齐次解的表达式。每个特征根都会对应一个 n 次幂的项，并且如果特征根是重根，那么解中还会出现 n 的多项式。

【例题 3.9】求解齐次差分方程 $y(n) - 0.5y(n-1) = 0$ 的齐次解。

解：给定的差分方程是 $y(n) - 0.5y(n-1) = 0$ 。

为了求解这个方程，假设解的形式为指数形式

$$y(n) = C\alpha^n$$

式中， C 是常数； α 是待定的特征根。

将假设的解 $y(n) = C\alpha^n$ 代入原差分方程中，得

$$C\alpha^n - 0.5C\alpha^{n-1} = 0$$

简化方程，得

$$C\alpha^n - 0.5C\alpha^{n-1} = C\alpha^{n-1}(\alpha - 0.5) = 0$$

因为 $C \neq 0$ 且 $\alpha^{n-1} \neq 0$ ，所以 $\alpha - 0.5 = 0$ ，解特征方程得到 $\alpha = 0.5$ 。

根据特征根 $\alpha = 0.5$，齐次解的形式为 $y(n) = C(0.5)^n$，其中 C 是由初始条件决定的常数。

齐次解 $y(n) = C(0.5)^n$ 是原差分方程的解，其中 C 是待定常数。这个解的具体值可以通过给定的初始条件来确定。

考虑二阶线性齐次差分方程 $y(n) + a_1 y(n-1) + a_2 y(n-2) = 0$，与一阶情况类似，还是尝试使用指数形式，这里的 α^n 表示的是 $y(n)$ 的增长或者衰减趋势。

代入假设解的形式后，消去常数 C，并转换方程为关于 α 的形式。此时，方程中的 α 和 n 的不同阶次导致了多项式的形式，而每个项的系数就是差分方程中的系数。

解特征方程得到 α 的值，这些值代表了序列的自然增长或衰减速度。如果特征方程是二次方程，通常有两种情况：互异实根和重根。互异实根意味着两个不同的增长趋势，而重根则表明了一定趋势的加强。

具体求解步骤如下。

（1）假设齐次解为 $y(n) = C\alpha^n$，将其代入方程中，得

$$C\alpha^n + a_1 C\alpha^{n-1} + a_2 C\alpha^{n-2} = 0$$

（2）通过消去常数 C 并逐项除以 α^{n-2}，得到特征方程

$$\alpha^2 + a_1\alpha + a_2 = 0$$

（3）解特征方程得到特征根 α_1 和 α_2。

若 $\alpha_1 \neq \alpha_2$，齐次解为 $y(n) = C_1\alpha_1^n + C_2\alpha_2^n$；若 $\alpha_1 = \alpha_2 = \alpha$，齐次解为 $y(n) = (C_1 + C_2 n)\alpha^n$。其中，$C_1$ 和 C_2 为由初始条件决定的常数。

【例题 3.10】求解齐次差分方程 $y(n) - 0.7\,y(n-1) + 0.1\,y(n-2) = 0$ 的齐次解。

解：假设齐次解的形式为指数形式：

$$y(n) = C\alpha^n$$

式中，C 是常数；α 是待定的特征根。

将 $y(n) = C\alpha^n$ 代入差分方程，得

$$C\alpha^n - 0.7C\alpha^{n-1} + 0.1C\alpha^{n-2} = 0$$

将 $C\alpha^{n-2}$ 提取出来，并将方程除以 $C\alpha^{n-2}$，得

$$\alpha^2 - 0.7\alpha + 0.1 = 0$$

解特征方程，得

$$\alpha_1 = \frac{0.7 + 0.3}{2} = 0.5$$

$$\alpha_2 = \frac{0.7 - 0.3}{2} = 0.2$$

根据特征根得到齐次解的形式：$y(n) = C_1(0.5)^n + C_2(0.2)^n$。其中，$C_1$ 和 C_2 是由初始条件决定的常数。

前述一阶、二阶差分方程齐次解求解的方法适用于分析任何阶数的齐次差分方程。对于 N 阶线性齐次差分方程：

$$\sum_{k=0}^{N} a_k y(n-k) = 0$$

随着阶数的增加，可以看到特征方程中的幂次也会相应增加，但求解过程的基本思想是一样的。通过代入假设解并消去常数 C，将差分方程转换为关于 α 的多项式方程，这样就可以求解出 N 个特征根。对于互异实根，每个根都将对应一个不同的 n 次幂项；而对于重根，需要考虑因重根出现的项的次数。例如，一个三阶重根将导致 n^2 和 n 相关的多项式项。

具体求解步骤如下。

（1）假设齐次解形式为 $y(n) = C\alpha^n$，将其代入方程中得到特征方程

$$a_N \alpha^N + a_{N-1}\alpha^{N-1} + \cdots + a_1\alpha + a_0 = 0$$

（2）该方程的 N 个根 α_1，$\alpha_2, \cdots,$ α_N 即为特征根。

（3）若特征根互异且均为实数，则齐次解为

$$y(n) = C_1\alpha_1^n + C_2\alpha_2^n + \cdots + C_N\alpha_N^n$$

若特征根中 α_r 是 r 阶重根，其余根为互异单实根，则齐次解为

$$y(n) = \left(C_1 n^{r-1} + C_2 n^{r-2} + \cdots + C_r\right)\alpha_r^n + \sum_{i \neq r} C_i \alpha_i^n$$

2. 特解

与微分方程的特解求解方法相对应，差分方程的特解与方程右端的函数形式相关。差分方程通常具有形式：

$$a_0 y(n) + a_1 y(n-1) + a_2 y(n-2) + \cdots = x(n) \tag{3-48}$$

式中，$y(n)$ 是需要求解的函数；$x(n)$ 是方程的非齐次部分，也称为激励或自由项。

特解是针对差分方程右端非齐次部分 $x(n)$ 的一个解。特解的目的是补充齐次方程的通解，以形成完整的解。简而言之，特解是专门用于抵消方程中非齐次项的解。差分方程特解的求解方法与微分方程中的方法类似，但由于差分方程的离散特性，需要采用特定的步骤来寻找特解。

观察方程右端的自由项 $x(n)$。特解的形式通常与自由项的形式直接相关。根据

$x(n)$ 的类型，选择合适的试探解（猜测解）形式。

例如，若 $x(n)$ 为常数，如 5，特解形式通常选择常数；若 $x(n)$ 为指数函数，如 2^n，特解形式选择类似的指数函数；若 $x(n)$ 为多项式，如 n^2，特解形式选择同样的多项式。

根据自由项的形式，选择一个合适的试探解。试探解形式通常包含待定系数，将在后续步骤中确定这些系数的值。

将选定的试探解代入原差分方程中，进行代数运算以求解待定系数。通过将试探解代入方程，并使方程两边相等，可以确定这些系数的具体值。

【例题 3.11】求解差分方程 $y(n) - 0.7y(n-1) + 0.1y(n-2) = 3 \cdot 2^n$ 的特解。

解：由于右端项是 $3 \cdot 2^n$，选择特解的形式为 $y_p(n) = A \cdot 2^n$，其中 A 是待定系数。

将 $y_p(n) = A \cdot 2^n$ 代入差分方程中，得

$$A \cdot 2^n - 0.7 \left(A \cdot \frac{2^n}{2} \right) + 0.1 \left(A \cdot \frac{2^n}{4} \right) = 3 \cdot 2^n$$

$$A \cdot 2^n - 0.35A \cdot 2^n + 0.025A \cdot 2^n = 3 \cdot 2^n$$

$$(A - 0.35A + 0.025A) \cdot 2^n = 3 \cdot 2^n$$

$$A \cdot (1 - 0.35 + 0.025) \cdot 2^n = 3 \cdot 2^n$$

$$A \cdot 0.675 \cdot 2^n = 3 \cdot 2^n$$

将 2^n 消去，得

$$A \cdot 0.675 = 3$$

$$A = \frac{3}{0.675} = \frac{3\ 000}{675} = \frac{40}{9}$$

因此，特解为 $y_p(n) = \frac{40}{9} \cdot 2^n$。

在差分方程中，求解特解的过程包括选择适当的试探解形式，并将其代入方程中以求解待定系数。

3. 通解

通解是齐次解和特解的和：$y(n) = y_h(n) + y_p(n)$。

设 N 阶线性时不变离散时间系统的特征根 a_i $(i = 1, 2, \cdots, N)$ 互异且为单实根，则通解为

$$y(n) = y_h(n) + y_p(n) = \sum_{i=1}^{N} C_i a_i^n + y_p(n) \tag{3-49}$$

若 N 阶线性时不变离散时间系统的特征根 a_i $(i = 1, 2, \cdots, N)$ 中，存在 r 个重实

根，其余根为互异单实根，则通解为

$$y(n) = y_h(n) + y_p(n) = \sum_{i=1}^{r} C_i n^{i-1} a_i^n + \sum_{j=r+1}^{N} C_j a_j^n + y_p(n) \tag{3-50}$$

要想获取唯一解，还需要确定上述方程中各系数。如果系统的输入 $x(n)$ 在 $n=0$ 时接入，差分方程的解区间为 $n>0$。对于 N 阶后向差分方程，将给定的 N 个初始条件 $y(0)$，$y(1)$，$\cdots$，$y(N-1)$ 代入上述方程，从而构成一组联立方程，就可以确定全部待定系数。

需要注意的是，若题目中给出的 N 个边界条件是 $y(-1)$，$y(-2)$，$\cdots$，$y(-N)$，则不能直接用来确定齐次解中的待定系数，需要利用迭代法推导出 $y(0)$，$y(1)$，$\cdots$，$y(N-1)$ 后，才能最终确定系数。

从差分方程的求解过程可以看出，差分方程与微分方程之间有很多相似之处。通常，微分方程的齐次解具有 $e^{\alpha t}$ 的形式，而差分方程的齐次解具有 α^k 的形式，其中 α 是特征方程的根。由于齐次解的函数形式与输入信号无关，因此齐次解也被称为系统的自由响应。

与之不同的是，系统方程的特解的形式则与方程中的自由项形式有关，即取决于输入信号的具体形式。因此，特解也被称为系统的强迫响应。

需要注意的是，尽管齐次解的形式与激励信号无关，但齐次解中的系数的确定却依赖于激励信号。如果激励信号在 $n=0$ 时开始，确定系数需要用到 $n \geq 0$ 区间内的一组边界条件，比如 $y(0)$、$y(1)$ 等，并将这些条件代入完整的解中以确定系数。

3.3.3　零输入响应与零状态响应

与连续时间系统类似，离散时间系统的响应可以分解为两部分：零输入响应和零状态响应。零输入响应指的是在激励为零的情况下，仅由系统的初始状态引起的响应，记作 $y_{zi}(n)$；零状态响应指的是在系统初始状态为零的情况下，仅由激励信号引起的响应，记作 $y_{zs}(n)$。因此，系统的总响应可以表示为零输入响应和零状态响应之和，即

$$y(n) = y_{zi}(n) + y_{zs}(n) \tag{3-51}$$

在零输入条件下，激励信号为零，此时系统转化为齐次方程，因此零输入响应的形式与齐次方程的解形式相同。若系统的特征方程没有重根，则零输入响应的形式为

$$y_{zi}(n) = C_1 \alpha_1^n + C_2 \alpha_2^n + \cdots + C_m \alpha_m^n \tag{3-52}$$

式（3-52）中，待定系数 C_i 由系统的初始状态 $y(0)$，$y(-1)$，$\cdots$，$y(-n)$ 确定。注意：通常情况下，零输入响应的初始状态包括 $y(0)$ 和更早时间的状态，而不是仅包含负时间点的值。

当系统的初始状态为零时，系统的响应完全由激励信号决定，此时求解的是非齐次方程。零状态响应是非齐次方程的通解，其形式取决于激励信号。若系统特征方程没有重根，则零状态响应的形式为

$$y_{zs}(n) = \sum_{i=1}^{m} C_i \alpha_i^n \qquad （3-53）$$

式（3-53）中，待定系数 C_i 由激励信号在零状态条件下的初始值确定。

如果激励信号在 $n = 0$ 时刻开始作用于系统，那么在 $n < 0$ 时刻，激励尚未作用于系统，因此此时的零状态响应为零，即

$$y_{zs}(n) = 0, \; n < 0 \qquad （3-54）$$

通过系统的差分方程和已知的初始条件，可以递推计算零状态响应在激励信号接入后的初始值，如 $y(0)$，$y(1)$，$\cdots$，$y(n-1)$。

【例题 3.12】若描述某离散时间系统的差分方程为 $y(n) - 5y(n-1) + 6y(n-2) = f(n)$，已知激励为 $f(n) = u(n)$（单位阶跃函数），初始状态为 $y(-1) = 0$ 和 $y(-2) = -1$。求系统的零输入响应、零状态响应及全响应。

解：零输入响应是指在激励为零的情况下，仅由系统的初始状态决定的响应。首先需要求解对应的齐次方程：$y(n) - 5y(n-1) + 6y(n-2) = 0$。

这个齐次方程的特征方程为 $\lambda^2 - 5\lambda + 6 = 0$，

解特征方程 $(\lambda - 2)(\lambda - 3) = 0$，得特征根为 $\lambda_1 = 2$，$\lambda_2 = 3$。

因此，齐次方程的通解为

$$y_{zi}(n) = C_1 \cdot 2^n + C_2 \cdot 3^n$$

利用初始条件 $y(-1) = 0$ 和 $y(-2) = -1$ 来确定 C_1 和 C_2。

$$y(-1) = C_1 \cdot 2^{-1} + C_2 \cdot 3^{-1} = \frac{C_1}{2} + \frac{C_2}{3} = 0$$

$$y(-2) = C_1 \cdot 2^{-2} + C_2 \cdot 3^{-2} = \frac{C_1}{4} + \frac{C_2}{9} = -1$$

从第一个方程中可以得出 $C_1 = -\dfrac{2C_2}{3}$，将其代入第二个方程，得

$$-\frac{\dfrac{2C_2}{3}}{4} + \frac{C_2}{9} = -1$$

$$-\frac{C_2}{6} + \frac{C_2}{9} = -1$$

$$-\frac{3C_2 - 2C_2}{18} = -1$$

$$-\frac{C_2}{18} = -1$$

$$C_2 = 18$$

$$C_1 = -\frac{2 \times 18}{3} = -12$$

所以零输入响应为

$$y_{zi}(n) = -12 \cdot 2^n + 18 \cdot 3^n$$

零状态响应是在系统初始状态为零的情况下，由激励 $f(n) = u(n)$ 引起的响应。首先需要求解非齐次方程：$y(n) - 5y(n-1) + 6y(n-2) = u(n)$。

由于 $u(n)$ 是单位阶跃函数，可以使用 z 变换来求解。非齐次方程的特解可以假设为 $y_{zs}(n) = A \cdot u(n)$ 的形式。

将特解代入非齐次方程中，得

$$A - 5A + 6A = 1$$

$$2A = 1$$

$$A = \frac{1}{2}$$

所以零状态响应为

$$y_{zs}(n) = \frac{1}{2} \cdot u(n)$$

全响应是零输入响应和零状态响应之和，即

$$y(n) = y_{zi}(n) + y_{zs}(n)$$

$$= (-12 \cdot 2^n + 18 \cdot 3^n) + \frac{1}{2} \cdot u(n)$$

3.4　离散时间系统的单位样值响应

当输入是单位脉冲序列 $\delta(n)$ 时，离散时间系统的零状态响应称为系统的单位脉冲响应（也称为单位冲激响应），记为 $h(n)$。由于 $\delta(n)$ 仅在 $n=0$ 处等于 1，而在 $n \neq 0$ 处均为零，因此在 $n \neq 0$ 时，$h(n)$ 满足的是齐次差分方程，其函数形式与该系统的零输入响应相同。

若系统为 N 阶离散时间系统，假定系统的特征根为互异的单实根，则 $h(n)$ 的函数形式为

$$h(n) = \sum_{i=1}^{N} C_i \lambda_i^n \qquad （3-55）$$

式（3-55）中，λ_i 是特征根；C_i 是待求系数。

系数 C_i 可以通过初始条件确定。若系统的初始状态为零 $[h(-1) = h(-2) = \cdots = h(-N) = 0]$，则可以通过这些条件来求解 C_i。这通常涉及使用初始条件构造方程组，然后求解这些方程以确定 C_i 的值。

边界条件通常是通过设置初始条件来确定特解的系数的，而不是通过迭代法。迭代法通常用于数值计算或某些特定算法，而解析方法用于求解系数。

在离散时间系统中，单位样值指的是单位冲激信号，它通常用 $\delta(n)$ 表示。单位冲激信号 $\delta(n)$ 在 $n=0$ 时取值为 1，其他时刻取值为 0。

单位冲激信号的和为 1，即

$$\sum_{n=-\infty}^{+\infty} \delta(n) = 1 \qquad （3-56）$$

在系统分析中，单位冲激信号用于确定系统的冲激响应。冲激响应是系统对单位冲激信号的响应，它能够完全描述线性时不变系统的特性。

3.5 卷积和与解卷积

3.5.1 卷积和

在连续时间系统中，通过将激励信号分解为一系列冲激函数，并计算每个冲激函数的响应来得到系统的零状态响应。这一过程通过卷积积分来实现，即将所有的冲激响应叠加得到总的响应。在离散时间系统中，采用类似的分析方法来处理。将激励信号表示为单位序列的线性组合，并计算每个单位序列对系统的响应。不同于连续时间系统，离散时间系统中的响应叠加不涉及积分运算，而是通过离散的求和操作来实现的。这种叠加过程被称为卷积和，也可称为卷积。这种方法能够方便地计算系统对离散激励信号的零状态响应，并在实际应用中广泛使用。接下来，将深入探讨离散时间系统中的卷积和运算及其解卷积的过程，帮助人们理解如何通过这些方法来分析和设计离散时间系统。

在离散时间系统中，卷积和的公式为

$$y(n) = h(n) * x(n) = \sum_{k=-\infty}^{+\infty} x(k) h(n-k) \qquad （3-57）$$

式（3-57）中，$y(n)$ 是系统的零状态响应；$x(n)$ 是激励序列；$h(n)$ 是系统的单位序列响应（有时也称为脉冲响应，特别是在连续时间系统中）。两序列进行卷积的次序是可以互换的。在连续时间系统，$\delta(t)$ 与 $f(t)$ 的卷积仍等于 $f(t)$，在离散时间系统中也有 $x(n) * \delta(n) = x(n)$。

在离散时间系统的分析中，计算离散序列的卷积和可以通过以下四个基本步骤来完成。

1. 序列反转

已知两个离散序列 $x(n)$ 和 $h(n)$，选择 $h(n)$ 进行反转操作。反转操作是将序列 $h(n)$ 中的每个时间点 n 替换为 $-n$，得到反转后的序列 $h(-n)$。这一步的目的是准备将该序列与另一个序列进行后续的逐点比较。例如，$h(n) = \{h(0), \ h(1), \ h(2)\}$，

则反转后的序列为 $h(-n) = \{h(2),\ h(1),\ h(0)\}$。

2. 序列移位

在序列反转之后，下一步是对反转后的序列进行时间上的移位。将反转后的序列按不同的时间偏移量 k 进行平移。这一移位过程能够在不同的时间点上，将反转后的序列与原始序列进行重叠和比较。

3. 序列相乘

对于每一个特定的移位量，将移位后的序列与原始序列 $x(n)$ 逐点相乘。这意味着对每个时间点 n，计算 $x(n)$ 和 $h(-n+k)$ 的乘积。这个步骤是卷积和计算的核心，它通过点对点的乘积操作将两个序列的相互作用体现出来。

4. 求和

最后一步是对相乘后的序列的所有非零值进行求和。这一步将之前得到的所有点乘结果加在一起，得到卷积和的最终值。这一求和操作汇集了反转、移位后的序列在不同时间点的贡献，得到了系统对整个输入信号的响应。

通过这些步骤，能系统地计算出离散序列的卷积和，从而分析离散时间系统对输入信号的响应。

3.5.2　卷积和的性质

离散序列卷积和的性质与连续信号的卷积积分性质相似。

1. 代数性质

（1）交换律：$x_1(n) * x_2(n) = x_2(n) * x_1(n)$；

（2）结合律：$\left[x_1(n) * x_2(n) \right] * x_3(n) = x_1(n) * \left[x_2(n) * x_3(n) \right]$；

（3）分配律：$x_1(n) * \left[x_2(n) + x_3(n) \right] = x_1(n) * x_2(n) + x_1(n) * x_3(n)$。

卷积和的结合律和分配律可以用于级联和并联系统的分析。

2. 与单位样值序列 $\delta(n)$ 的卷积

$$x(n) * \delta(n) = x(n)$$

$$x(n) * \delta(n-m) = x(n-m) \tag{3-58}$$

3. 与单位阶跃序列 $u(n)$ 的卷积

$$x(n) * u(n) = \sum_{m=-\infty}^{n} x(m) \tag{3-59}$$

3.5.3 解卷积

解卷积也称为反卷积、反演卷积或逆卷积，是信号处理中的一个重要概念。在许多实际应用中，人们面临的问题不仅是通过给定的系统响应和输入信号来求解输出信号（卷积计算），更常见的是通过给定的系统响应和输出信号来求解输入信号，或者通过给定的输入信号和输出信号来求解系统响应。解卷积就是处理这些逆问题的技术。

在离散时间系统中，卷积的定义为

$$y(n) = h(n) * x(n) \tag{3-60}$$

由卷积定义可知解卷积的一般表达式为

$$y(n) = \sum_{m=-\infty}^{+\infty} x(m)h(n-m) \tag{3-61}$$

式中，$y(n)$ 是系统的输出；$x(n)$ 是输入信号；$h(n)$ 是系统的脉冲响应；* 表示卷积运算。

解卷积的目标是从已知的卷积结果和系统响应中恢复原始信号，或从已知的输入信号和输出信号中恢复系统响应。在控制工程领域，系统辨识是从已知输入信号和输出信号中确定系统模型（系统响应）$h(n)$ 的过程。

将 $y(n) = \sum_{m=-\infty}^{+\infty} x(m)h(n-m)$ 改写为矩阵运算形式，即

$$\begin{bmatrix} y(0) \\ y(1) \\ y(2) \\ \vdots \\ y(n) \end{bmatrix} = \begin{bmatrix} h(0) & 0 & 0 & ... & 0 \\ h(1) & h(0) & 0 & ... & 0 \\ h(2) & h(1) & h(0) & ... & 0 \\ \vdots & \vdots & \vdots & \vdots & \vdots \\ h(n) & h(n-1) & h(n-2) & ... & h(0) \end{bmatrix} \begin{bmatrix} x(0) \\ x(1) \\ x(2) \\ \vdots \\ x(n) \end{bmatrix} \tag{3-62}$$

借助此矩阵可逐次反求得 $x(n)$ 值。依此规律递推，可得 $x(n)$ 的表达式为

$$h(n) = y(n) - \sum_{k=1}^{M} h(m)x(n-m) \tag{3-63}$$

此即给定 $y(n)$、$h(n)$ 求 $x(n)$ 的计算式，式中须用到 $n-1$ 位之前的全部 x 值。利用计算机编程容易完成此解卷积运算。

同理可得给定 $x(n)$、$y(n)$ 求 $h(n)$ 的计算式为

$$h(n) = \left[y(n) - \sum_{m=0}^{n-1} h(m)x(n-m) \right] / x(0) \tag{3-64}$$

在实际应用中，某些测量仪器近似具有线性系统特性，由它的系统函数 $h(n)$ 和

测量的输出信号 $y(n)$ 借助解卷积运算可求得待测信号即输入信号 $x(n)$，例如血压计传感器。对于地震信号处理、地质勘探、石油勘探等问题，往往是对待测目标发送信号 $x(n)$，测得反射回波 $y(n)$，由此计算被测地下层面的 $h(n)$ 以判断它的物理特性。

目前，解卷积算法的研究已经成为信号处理领域的一个重要研究课题，人们期望得到快速、精确、实用的计算方法。除各种时域方法之外，也可利用变换域方法求解。

习　题

1. 下列四个等式中正确的为（　　　）。

A. $u(n)=\displaystyle\sum_{m=-\infty}^{+\infty}\delta(n-m)$　　　　　　　B. $\delta(n)=u(-n)-u(-n-1)$

C. $u(n)=\displaystyle\sum_{m=-\infty}^{+\infty}\delta(n+m)$　　　　　　　D. $\delta(n)=u(-n)-u(-n+1)$

2. 判断下列四个信号中，与 $f(n)=\displaystyle\sum_{m=-1}^{1}\delta(n-m)$ 相同的信号是（　　　）。

A. $f(n)=u(1-n)-u(-2-n)$　　　　　　B. $f(n)=u(n+1)-u(n-1)$

C. $f(n)=u(n+1)-u(n-2)$　　　　　　D. $f(n)=u(-n+2)-u(-n-1)$

3. 系统 $r(n)=\displaystyle\sum_{m=0}^{+\infty}e(n-m)$ 的单位样值响应为（　　　）。

A. $u(n)$　　　　　　B. $\delta(n)$　　　　　　C. $a^n u(n)$　　　　　　D. 不存在

4. 序列卷积和 $u(n)*u(n-2)=$（　　　）。

A. $nu(n-1)$　　　　B. $(n-2)u(n-2)$　　　C. $(n-1)u(n-2)$　　　D. $(n-2)u(n-1)$

5. 序列和 $\displaystyle\sum_{k=-\infty}^{+\infty}\delta(k-1)=$（　　　）。

A. 1　　　　　　　　B. ∞　　　　　　　C. $u(n-1)$　　　　　　D. $nu(n-1)$

6. 已知序列 $f(n)=e^{j\frac{2\pi}{3}n}+e^{j\frac{4\pi}{3}n}$，该序列是（　　　）。

A. 非周期序列　　　　　　　　　　　　B. 周期 $N=3/8$ 的周期序列

C. 周期 $N=3$ 的周期序列　　　　　　　D. 周期 $N=24$ 的周期序列

7. 用下列差分方程描述的系统为线性系统的是（　　　）。

A. $y(n)+y(n-1)=2f(n)+3$

B. $y(n)+y(n-1)y(n-2)=2f(n)$

C. $y(n)+Ky(n-2)=f(1-n)+2f(n-1)$

D. $y(n)+2y(n-2)=2|f(n)|$

8. 已知某线性时不变离散时间系统，当输入为 $\delta(n-1)$ 时，系统的零状态响应为 $(0.5)^n u(n-1)$，求当输入为 $e(n)=2\delta(n)+u(n)$ 时，系统的零状态响应 $r(n)$。

9. 已知某线性时不变离散时间系统，当输入为 $e(n)=u(n)-u(n-3)$ 时产生的零状态响应为 $r(n)=\{1，36，5，3\}$，求该系统的单位样值响应。

10. 已知某线性时不变因果离散时间系统的差分方程为

$$r(n)+3r(n-1)+2r(n-2)=2e(n)+e(n-1)$$

系统的初始状态为 $r(-1)=0.5$，$r(-2)=0.25$，输入信号为 $e(n)=u(n)$。

（1）求系统的零输入响应和零状态响应；

（2）求系统的系统函数，并判断系统的稳定性。

第 4 章　连续时间系统的频域分析——傅里叶变换

连续信号可以被表达为多个基础函数的线性组合，这些基础函数通常是冲激函数或者阶跃函数。这种分解方法是信号时域分析的核心技术，它不仅为理解和分析信号的时域特性提供了基础，还大大简化了系统零状态响应的求解过程，使处理信号问题变得更加便捷。然而，信号的分解方法并不止这一种。本章将探讨另一种重要的信号分解方法，即将连续信号表示为一组正交函数的线性组合。这种方法与前述的时域分解方法不同，它关注信号在频域中的表示。当选择的正交函数是正弦函数或者虚指数函数时，这种分解方法被称为傅里叶分解。傅里叶分解的主要特点是，它将信号的表示转换为频率的函数，这样就可以在频域中对信号进行分析。由于这种分析的核心在于，将信号分解为不同频率的正弦信号或虚指数信号，所以它也被称为信号的频域分析或傅里叶分析。傅里叶分析用以在频域中理解信号的组成部分及频率特性，傅里叶分解不仅是一种理论工具，更是信号处理和系统分析中不可或缺的分解方法，它使频域分析成为可能，从而为人们在处理复杂信号时提供了新的视角和方法。

傅里叶分析的研究和应用已经有超过两百年的历史。早在 1822 年，法国数学家傅里叶在研究热传导理论的过程中，首次提出并证明了将周期信号展开为正弦级数的理论。这一发现奠定了傅里叶级数理论的基础，并开创了傅里叶分析的研究领域。随着时间的推移，其他数学家如泊松和高斯（Gauss）等也将傅里叶的理论成果扩展并应用于电学领域，推动了该理论的发展和应用。如今，傅里叶分析已成为信号与系统分析中较为强大且重要的工具之一。它不仅在电子工程和无线电通信中发挥着关键作用，还广泛应用于力学、光学及量子物理等多个科学和工程领域。傅里叶分析的普遍应用彰显了其在解析复杂信号、处理系统响应及研究频域特性中的重要性。通过傅里叶分析，人们能够更深入地理解和处理各种信号和系统的行为。

本章主要介绍正交函数与正交函数集的基本概念、常见周期信号的傅里叶级数、傅里叶变换、常见非周期信号的傅里叶变换、傅里叶变换的基本性质、卷积定理、周期信号的傅里叶变换、抽样定理、傅里叶变换应用于通信系统等内容。

4.1 正交函数与正交函数集的基本概念

在信号与系统的学习中，正交函数和正交函数集是频域分析的基础。正交函数是指在某个区间内，两个函数的乘积的积分为零。具体来说，设 $f_1(t)$ 和 $f_2(t)$ 是定义在区间 $[a,b]$ 上的两个函数，如果它们在该区间内的乘积积分为零，即

$$\int_a^b f_1(t)f_2(t)\mathrm{d}t = 0 \tag{4-1}$$

那么称 $f_1(t)$ 和 $f_2(t)$ 在该区间内是正交的。

正交性确保了函数之间的独立性。这种独立性在信号处理中具有重要意义，因为它允许人们用简单的基函数（正交函数）来表示复杂的信号。

正交函数集是指由多个在指定区间内两两正交的函数构成的集合。如果集合中的任意两个函数 $f_i(t)$ 和 $f_j(t)$（其中 $i \neq j$）在该区间内都是正交的，那么这个集合就是一个正交函数集。

设 $\{f_1(t)，f_2(t)，\cdots，f_n(t)\}$ 是在区间 $[a,b]$ 上的函数集，如果对于任意 $i \neq j$，都有 $\int_a^b f_i(t)f_j(t)\mathrm{d}t = 0$，那么称该集合为一个正交函数集。

正交函数集提供了一组基函数，这些基函数能够通过线性组合来表示区间内的任意函数。这样可以用这些基函数来构建信号或系统的表示。

在实际应用中，如傅里叶级数或傅里叶变换中，正弦函数和余弦函数就形成了一个正交函数集，它用于表示周期信号。

信号分解为正交函数的原理与矢量分解为正交矢量的概念相似。例如，平面上的矢量 A 在直角坐标系中可以分解为 x 方向分量和 y 方向分量。如果令 V_1 和 V_2 为各

自方向上的单位正交矢量，那么矢量 A 可以表示为

$$A = C_1 V_1 + C_2 V_2 \qquad (4-2)$$

一般而言，为了便于研究矢量分解，可以将相互正交的单位矢量组成一个二维正交矢量集。这样，在该平面上的任意矢量都可以用正交矢量集的分量组合来表示。

对于一个三维空间中的矢量 A，它可以用一个三维正交矢量集 $\{V_1,\ V_2,\ V_3\}$ 的分量组合来表示，其表示形式为

$$A = C_1 V_1 + C_2 V_2 + C_3 V_3 \qquad (4-3)$$

4.2　常见周期信号的傅里叶级数

傅里叶级数是一种极具价值的数学工具，其核心在于将任意周期函数转化为一系列正弦函数与余弦函数的级数。这一转化方法由傅里叶提出，因此被称为傅里叶级数。傅里叶级数的核心原理在于，通过将一个周期函数分解为多个具有不同频率与相位的正弦函数与余弦函数的叠加，从而实现对复杂周期信号的深入理解和有效处理。傅里叶级数的公式体系为这一转化提供了坚实的数学基础，使一个周期函数可以拆解为一系列常数系数乘以不同频率的正弦函数与余弦函数的和。

傅里叶级数不仅在数学理论上占据了重要地位，更在实际应用中展现了广泛的实用价值。它在信号处理、图像处理及物理学等多个领域中得到了深入应用。在信号处理领域，傅里叶级数成为分析与处理周期信号频率特性的关键工具；在图像处理领域，它促进了图像频率分析与压缩技术的发展；在物理学领域，傅里叶级数为研究各类周期性现象提供了有力的工具支持。

傅里叶级数通常有两种主要的表示形式：三角形式和指数形式。

三角形式直接使用正弦函数和余弦函数来表示信号，其表达式为

$$f(t) = a_0 + \sum_{n=1}^{+\infty}\left[a_n \cos\left(\frac{2\pi nt}{T}\right) + b_n \sin\left(\frac{2\pi nt}{T}\right) \right] \qquad (4-4)$$

式（4-4）中，a_n 和 b_n 是傅里叶系数；T 是信号的周期。

指数形式则利用欧拉公式将正弦函数和余弦函数转化为复数形式的指数函数，

其表达式为

$$f(t) = \sum_{n=-\infty}^{+\infty} c_n \mathrm{e}^{\mathrm{i}\frac{2\pi nt}{T}}$$　　　　　（4-5）

式（4-5）中，c_n 是复数傅里叶系数。这种形式在计算上更加简便，因为它利用了复数运算的特性，可以显著简化计算过程。

通过这两种形式的不同表达，傅里叶级数为分析和理解周期信号提供了强大的工具。无论是在理论研究还是在实际应用中，傅里叶级数都扮演着至关重要的角色，使得人们能够更好地解析和处理各种周期信号及其相关现象。

4.2.1　周期信号的傅里叶级数分析

1. 三角形式的傅里叶级数

按照傅里叶级数的定义，周期函数 $f(t)$ 可以由三角函数的线性组合来表示。如果 $f(t)$ 的周期为 T_1，角频率为 $\omega_1 = \dfrac{2\pi}{T_1}$，频率为 $f_1 = \dfrac{1}{T_1}$，那么傅里叶级数的展开表达式为

$$\begin{aligned}
f(t) &= a_0 + a_1 \cos(n\omega_1 t) + b_1 \sin(n\omega_1 t) + a_2 \cos(n\omega_1 t) + \\
&\quad b_2 \sin(n\omega_1 t) + \cdots + a_n \cos(n\omega_1 t) + b_n \sin(n\omega_1 t) + \cdots \\
&= a_0 + \sum_{n=1}^{+\infty} \left[a_n \cos(n\omega_1 t) + b_n \sin(n\omega_1 t) \right]
\end{aligned}$$　　（4-6）

式（4-6）中，n 为正整数；各次谐波成分的幅度按以下公式计算。

（1）直流分量：

$$a_0 = \frac{1}{T_1} \int_{t_0}^{t_0+T_1} f(t)\mathrm{d}t$$　　　　　（4-7）

（2）余弦分量的幅度：

$$a_n = \frac{2}{T_1} \int_{t_0}^{t_0+T_1} f(t)\cos(n\omega_1 t)\mathrm{d}t$$　　　　　（4-8）

（3）正弦分量的幅度：

$$b_n = \frac{2}{T_1} \int_{t_0}^{t_0+T_1} f(t)\sin(n\omega_1 t)\mathrm{d}t$$　　　　　（4-9）

式（4-8）和式（4-9）中，$n = 1$，2，$\cdots$。为方便起见，通常积分区间 $t_0 \sim t_0 + T_1$ 取为 $0 \sim T_1$ 或 $-\dfrac{T_1}{2} \sim +\dfrac{T_1}{2}$，并非任意周期信号都能进行傅里叶级数展开。被展开的函数 $f(t)$ 需要满足以下一组充分条件，这组条件称为狄利克雷（Dirichlet）条件。

（1）有限个间断点。信号在一个周期内的间断点数量必须是有限个。若信号在一个周期内有无限个间断点，则傅里叶级数可能无法正确表示该信号。

（2）有限的极大值和极小值。信号在一个周期内的极大值和极小值数量必须是有限个。这意味着信号在一个周期内不应有无限的波动。

（3）绝对可积。信号必须是绝对可积的，也就是说，在一个周期内信号的绝对值的积分必须是有限的。即 $\int_{t_0}^{t_0+T_1}|f(t)|\mathrm{d}t$ 是有限值，这里 T_1 是信号的周期。

（4）有限的变化量。信号在一个周期内的总变化量必须是有限的。这个条件确保了信号不会在短时间内有过大的振荡。

满足这些条件的周期函数可以进行傅里叶级数展开，傅里叶级数将其分解为一系列正弦函数和余弦函数的叠加。通过这些条件，可以保证傅里叶级数在描述周期信号时是有效的，并且在几乎所有实际的应用中被用来分析和处理周期信号。这些条件在数学上为傅里叶级数的收敛性提供了理论保障。在实际应用中，绝大多数的周期信号都符合这些条件，因此傅里叶级数在信号处理、通信、音频分析等领域中得到了广泛应用。因此，今后除非存在特殊需求，否则这些条件将不再作为一般考量因素。

将傅里叶级数的展开表达式中同频率项加以合并可以写成如下两种形式。

$$f(t) = c_0 + \sum_{n=1}^{+\infty} c_n \cos(n\omega_1 t + \varphi_n) \tag{4-10}$$

$$f(t) = d_0 + \sum_{n=1}^{+\infty} d_n \sin(n\omega_1 t + \theta_n) \tag{4-11}$$

通过傅里叶级数展开表达式和上述两式可以看出各量之间的关系。

$$\begin{aligned} a_0 &= c_0 = d_0 \\ c_n &= d_n = \sqrt{a_n^2 + b_n^2} \\ a_n &= c_n \cos\varphi_n = d_n \sin\theta_n \\ b_n &= -c_n \sin\varphi_n = d_n \cos\theta_n \\ \tan\theta_n &= \frac{a_n}{b_n} \\ \tan\varphi_n &= -\frac{b_n}{a_n} \end{aligned} \tag{4-12}$$

傅里叶级数的展开形式揭示了一个重要特性：任何满足狄利克雷条件的周期信号，都可以分解为直流分量及一系列正弦分量、余弦分量的组合。这些分量的频率是基频的整数倍，其中基频指的是信号周期的倒数。在这个分解过程中，频率等于基频的分量称为基波，而频率为基频倍数的分量则称为谐波，例如频率为 $2f_0$ 的称为二次谐波，频率为 $3f_0$ 的称为三次谐波，以此类推。

这种分解不仅揭示了信号的直流分量，还展示了基波和各次谐波的幅度与相位，这些特性都是由信号的具体波形所决定的。通过分析这些基波和谐波分量，人们能够更深入地理解信号的特性，并有效地对其进行处理和分析。

在深入分析式（4-9）到式（4-12）的过程中，能够发现各分量的幅度 a_n、b_n、c_n 及相位 φ_n 都是 $n\omega_1$ 的函数。这种关系揭示了信号的频率特性，为人们提供了一种方法来量化和可视化信号的频率成分。若将 c_n 对 $n\omega_1$ 的关系绘制成线图，则可以得到幅度频谱（以下简称幅度谱）图，这是一种非常直观的工具，它能够展示不同频率分量的相对大小。在幅度谱图中，每一条谱线代表了一个特定频率分量的幅度，这些谱线共同构成了信号的幅度频谱。通过连接这些谱线的顶点，可以绘制出一条包络线，如图 4-1（a）中的虚线所示，这条包络线描述了幅度随频率变化的总体趋势，为人们提供了信号频率成分的宏观视图。除了幅度谱图外，还可以绘制各频率分量的相位 φ_n 与其对应频率 $n\omega_1$ 的关系图，这种图被称为相位频谱图，简称相位谱图，示例如图 4-1（b）所示。

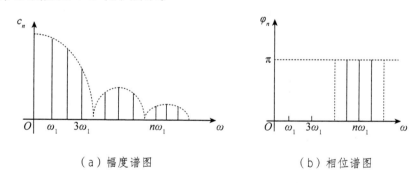

（a）幅度谱图　　　　　　　　　　　　（b）相位谱图

图 4-1　周期信号的频谱示例

对于周期信号，其频谱的一个显著特征是仅在离散的频率点 0 ，ω_1 ，$2\omega_1$ ，…上出现。离散谱的存在表明，周期信号的频率成分仅在这些特定的频率点上分布，而不是在连续的频率范围内分布。这一特性是周期信号频谱分析的基础，也是许多信号处理技术的理论依据。

2. 指数形式的傅里叶级数

周期信号的傅里叶级数展开也可以表示为指数形式。已知傅里叶级数表达式为

$$f(t) = a_0 + \sum_{n=1}^{+\infty} \left[a_n \cos(n\omega_1 t) + b_n \sin(n\omega_1 t) \right] \tag{4-13}$$

根据欧拉公式，有

$$\cos(n\omega_1 t) = \frac{e^{jn\omega_1 t} + e^{-jn\omega_1 t}}{2}$$

$$\sin(n\omega_1 t) = \frac{e^{jn\omega_1 t} - e^{-jn\omega_1 t}}{2j}$$

将上述公式代入傅里叶级数表达式中，得到

$$f(t) = a_0 + \sum_{n=1}^{+\infty} \left[\frac{a_n(e^{jn\omega_1 t} + e^{-jn\omega_1 t})}{2} + \frac{b_n(e^{jn\omega_1 t} - e^{-jn\omega_1 t})}{2j} \right] \tag{4-14}$$

定义频谱系数为

$$F(n\omega_1) = \frac{a_n - jb_n}{2}$$

$$F(-n\omega_1) = \frac{a_n + jb_n}{2}$$

将其代入式（4-14）中，得到

$$f(t) = a_0 + \sum_{n=1}^{+\infty} \left[F(n\omega_1)e^{jn\omega_1 t} + F(-n\omega_1)e^{-jn\omega_1 t} \right]$$

由于 $F(0) = a_0$，并且考虑到

$$\sum_{n=1}^{+\infty} F(n\omega_1)e^{jn\omega_1 t} = \sum_{n=1}^{+\infty} F(-n\omega_1)e^{-jn\omega_1 t}$$

最终，傅里叶级数的指数形式为

$$f(t) = \sum_{n=-\infty}^{+\infty} F(n\omega_1)e^{jn\omega_1 t}$$

傅里叶系数 $F(n\omega_1)$ 也可以通过以下公式计算。

$$F_n = \frac{1}{T} \int_{t_0}^{t_0+T} f(t)e^{-jn\omega_1 t} \, \mathrm{d}t$$

式中，n 为从 $-\infty$ 到 $+\infty$ 的整数。

从上述公式和之前的结果可以看出，傅里叶系数 F_n 与其他系数之间存在如下关系。

$$F_0 = c_0 = d_0 = a_0$$

$$F_n = |F_n| e^{j\varphi_n} = \frac{a_n - jb_n}{2}$$

$$F_{-n} = |F_{-n}| e^{-j\varphi_n} = \frac{a_n + jb_n}{2}$$

$$|F_n| = |F_{-n}| = \frac{1}{2}c_n = \frac{1}{2}\mathrm{d}_n = \frac{1}{2}\sqrt{a_n^2 + b_n^2}$$

$$|F_n| + |F_{-n}| = c_n \qquad\qquad (4-15)$$

$$F_n - F_{-n} = a_n$$

$$b_n = \mathrm{j}\left(F_n - F_{-n}\right)$$

$$c_n^2 = \mathrm{d}_n^2 = a_n^2 + b_n^2 = 4F_n F_{-n}$$

在复数频谱分析领域，负频率的引入源于正弦函数和余弦函数转换为指数形式时产生的 $\mathrm{e}^{jn\omega_1 t}$ 和 $\mathrm{e}^{-jn\omega_1 t}$。虽然这种转换在数学上是自然发生的，但负频率在物理世界中并没有直接对应的现象。因此，负频率的存在可以被认为是数学推导的一个副产品，而非具有实际物理意义的量。在实际的信号处理和频谱分析中，通常将负频率项与相应的正频率项配对并合并，以形成具有实际物理意义的频谱函数。这种合并不仅简化了频谱的表达，还确保了分析的频谱在物理上是合理且一致的。通过这种方法，能够更精确地理解和描述信号的频率特性，同时消除了数学上的冗余项。

利用傅里叶级数的原理，能够深入探究周期信号的功率特性。通过对傅里叶级数的表达式进行平方，并在信号的一个完整周期内进行积分，可以利用三角函数与复指数函数的正交性质，推导出周期信号 $f(t)$ 的平均功率 P 与其傅里叶系数之间的如下数学关系：

$$P = \frac{1}{T}\int_{t_0}^{t_0+T} f^2(t)\mathrm{d}t = a_0^2 + \frac{1}{2}\sum_{n=1}^{+\infty}(a_n^2 + b_n^2) = c_0^2 + \frac{1}{2}\sum_{n=1}^{+\infty}c_n^2 = \sum_{n=-\infty}^{+\infty}|F_n|^2 \qquad (4-16)$$

式（4-16）表明，周期信号的平均功率等于傅里叶级数中各次谐波分量有效值的平方和，反映了时域和频域中的能量守恒关系。在这一过程中，傅里叶级数的平方操作允许将信号的功率表达为各个频率分量的平方和，而积分则提供了一个周期内信号功率的平均值。正交性确保了不同频率的分量在积分过程中不会相互影响，从而使每个频率分量的功率可以独立地计算。

4.2.2 典型周期信号的傅里叶级数

周期信号的频谱分析可利用傅里叶级数，也可借助傅里叶变换。下面以傅里叶级数展开形式研究典型周期信号的频谱。

1. 周期矩形脉冲信号

设周期矩形脉冲信号 $f(t)$ 的脉冲宽度为 τ，脉冲幅度为 E，重复周期为 T_1，显然，角频率 $\omega_1 = 2\pi f_1 = \dfrac{2\pi}{T_1}$，其波形如图 4-2 所示。

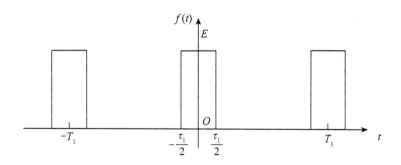

$$\text{图 4-2　周期矩形脉冲信号波形}$$

此信号在一个周期 $-\dfrac{T_1}{2} \leqslant t \leqslant \dfrac{T_1}{2}$ 内的表达式为 $f(t) = E\left[u\left(t + \dfrac{\tau}{2} \right) - u\left(t - \dfrac{\tau}{2} \right) \right]$。

把周期矩形脉冲信号 $f(t)$ 展开成三角形式傅里叶级数，得

$$f(t) = a_0 + \sum_{n=1}^{+\infty} \left[a_n \cos(n\omega_1 t) + b_n \sin(n\omega_1 t) \right] \tag{4-17}$$

求出各系数，其中直流分量为

$$a_0 = \frac{1}{T_1} \int_{-\frac{T_1}{2}}^{\frac{T_1}{2}} f(t)\mathrm{d}t = \frac{1}{T_1} \int_{-\frac{\tau_1}{2}}^{\frac{\tau_1}{2}} E\mathrm{d}t = \frac{E\tau_1}{T_1}$$

余弦分量的幅度为

$$a_n = \frac{2}{T_1} \int_{-\frac{T_1}{2}}^{\frac{T_1}{2}} f(t)\cos(n\omega_1 t)\mathrm{d}t = \frac{2}{T_1} \int_{-\frac{\tau_1}{2}}^{\frac{\tau_1}{2}} E\cos\left(n\frac{2\pi}{T_1} \right)\mathrm{d}t = \frac{2E}{n\pi}\sin\left(\frac{n\pi\tau}{T_1} \right)$$

也可写作

$$a_n = \frac{2E\tau}{T_1}\mathrm{Sa}\left(\frac{n\pi\tau}{T_1} \right) = \frac{E\tau\omega_1}{\pi}\mathrm{Sa}\left(\frac{n\omega_1\tau}{2} \right) \tag{4-18}$$

式中，Sa 为抽样函数，满足

$$\mathrm{Sa}\left(\frac{n\pi\tau}{T_1} \right) = \frac{\sin\left(\dfrac{n\pi\tau}{T_1} \right)}{\left(\dfrac{n\pi\tau}{T_1} \right)}$$

因为 $f(t)$ 是偶函数，$b_n = 0$，所以周期矩形脉冲信号的三角形式傅里叶级数为

$$f(t) = \frac{E\tau}{T_1} + \frac{2E\tau}{T_1} \sum_{n=1}^{+\infty} \mathrm{Sa}\left(\frac{n\pi\tau}{T_1} \right)\cos(n\omega_1 t) \tag{4-19}$$

或者

$$f(t) = \frac{E\tau}{T_1} + \frac{E\tau\omega_1}{\pi} \sum_{n=1}^{+\infty} \mathrm{Sa}\left(\frac{n\omega_1\tau}{2} \right)\cos(n\omega_1 t) \tag{4-20}$$

将 $f(t)$ 展开成指数形式的傅里叶级数，得

$$F_n = \frac{1}{T_1} \int_{-\frac{\tau}{2}}^{\frac{\tau}{2}} E e^{-jn\omega_1 t} dt = \frac{E\tau}{T_1} \mathrm{Sa}\left(\frac{n\omega_1\tau}{2}\right) \qquad (4-21)$$

所以

$$f(t) = \sum_{n=-\infty}^{+\infty} F_n e^{jn\omega_1 t} = \frac{E\tau}{T_1} \sum_{n=-\infty}^{+\infty} \mathrm{Sa}\left(\frac{n\omega_1\tau}{2}\right) e^{jn\omega_1 t} \qquad (4-22)$$

如果给定 τ、T_1 或 ω_1、E 就可以求出直流分量、基波与各次谐波分量的幅度。

由此可以看出，周期矩形脉冲信号的频谱是离散的，如同一般的周期信号。它的频谱线间隔为 $\omega_1 = \frac{2\pi}{T_1}$。当脉冲信号周期越大时，频谱线就会彼此越靠近。

直流分量、基波及各次谐波分量的大小与脉冲幅度 E 和脉冲宽度 τ 成正比，与周期 T_1 成反比。各谱线的幅度遵循 Sa 函数的规律而变化。

周期矩形脉冲信号包含无穷多条谱线，也就是说它可以分解成无穷多个频率分量。但实际上，其主要能量集中在第一个零点以内。在允许一定失真的条件下，可以要求一个通信系统只传送 $\omega \leqslant \frac{2\pi}{\tau}$ 范围内的各个频谱分量，而舍弃 $\omega > \frac{2\pi}{\tau}$ 的分量。这样，通常将 $\omega = 0 \sim \frac{2\pi}{\tau}$ 这段频率范围称为矩形脉冲信号的频带宽度，记作 B，于是 $B_\omega = \frac{2\pi}{\tau}$ 或 $B_f = \frac{1}{\tau}$。频带宽度 B 只与脉冲宽度 τ 有关，它们呈现反比关系。

2. 周期锯齿脉冲信号

周期锯齿脉冲信号 $f(t)$ 是奇函数，其波形如图 4-3 所示。

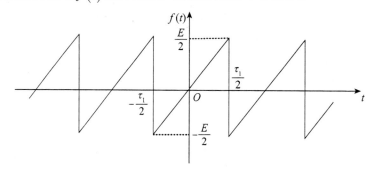

图 4-3　周期锯齿脉冲信号波形

已知 $a_n = 0$，由 $b_n = \frac{2}{T_1} \int_{t_0}^{t_0+T_1} f(t)\sin(n\omega_1 t)dt$ 可求出其傅里叶级数的系数 b_n，这样就可以得到周期锯齿脉冲信号的如下傅里叶级数：

$$f(t) = \frac{E}{\pi}\left[\sin(\omega_1 t) - \frac{1}{2}\sin(2\omega_1 t) + \frac{1}{3}\sin(3\omega_1 t) - \frac{1}{4}\sin(4\omega_1 t) + \cdots\right]$$

$$= \frac{E}{\pi}\sum_{n=1}^{+\infty}(-1)^{n+1}\frac{1}{n}\sin(n\omega_1 t)$$

（4-23）

周期锯齿脉冲信号的频谱只包含正弦分量，谐波的幅度以 $\frac{1}{n}$ 的规律收敛。

3. 周期三角脉冲信号

周期三角脉冲信号是偶函数，其波形如图 4-4 所示。

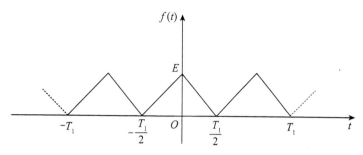

图 4-4　周期三角脉冲信号波形

因为 $b_n = 0$，所以求出其傅里叶级数的系数 a_0、a_n，就可以得到周期三角脉冲信号的如下傅里叶级数：

$$f(t) = \frac{E}{2} + \frac{4E}{\pi^2}\left[\cos(\omega_1 t) + \frac{1}{3^2}\cos(3\omega_1 t) + \frac{1}{5^2}\cos(5\omega_1 t) + \cdots\right]$$

$$= \frac{E}{2} + \frac{4E}{\pi^2}\sum_{n=1}^{+\infty}\frac{1}{n^2}\sin^2\left(\frac{n\pi}{2}\right)\cos(n\omega_1 t)$$

（4-24）

周期三角脉冲信号的频谱只包含直流、基波及奇次谐波频率分量，谐波的幅度以 $\frac{1}{n^2}$ 的规律收敛。

4. 周期半波余弦信号

周期半波余弦信号是偶函数，其波形如图 4-5 所示，所以 $b_n = 0$，求出其傅里叶级数的系数 a_0、a_n，就可以得到周期三角脉冲信号的如下傅里叶级数：

$$f(t) = \frac{E}{\pi} + \frac{E}{2}\left[\cos(\omega_1 t) + \frac{4}{3}\cos(2\omega_1 t) - \frac{\pi}{15}\cos(4\omega_1 t) + \cdots\right]$$

$$= \frac{E}{\pi} - \frac{2E}{\pi} + \frac{4E}{\pi^2}\sum_{n=2}^{+\infty}\frac{1}{(n^2-1)}\cos\left(\frac{n\pi}{2}\right)\cos(n\omega_1 t)$$

（4-25）

式（4-25）中，$\omega_1 = \frac{2\pi}{T_1}$。周期半波余弦信号的频谱只含有直流、基波和偶次谐波频率分量，谐波的幅度以 $\dfrac{1}{n^2}$ 的规律收敛。

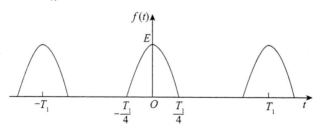

图 4-5　周期半波余弦信号波形

4.3　傅里叶变换

在前面已经讨论了周期信号的傅里叶级数，并得到了它的离散频谱。那么非周期信号的傅里叶级数跟周期信号的傅里叶级数的表示一样吗？答案显然是否定的。虽然它们都涉及傅里叶分析，但处理方法和表示形式有所区别。因此非周期信号的傅里叶级数和周期信号的傅里叶级数的表示形式不同。通过将傅里叶分析方法推广到非周期信号领域，可以推导出傅里叶变换。

将非周期信号的周期视为无限大，那么非周期信号的周期就可以看作整个定义域，这使非周期信号无法重复这一周期。以周期矩形信号为例，当周期 T_1 无限增大时，周期信号就转化为非周期单脉冲信号。

所以非周期信号可以看成周期 T_1 趋于无限大的周期信号。当周期信号的周期 T_1 增大时，谱线的间隔变小，若周期 T_1 趋于无限大时，则谱线的间隔趋于无限小，这样，离散频谱就变成连续频谱了。同时，由于周期 T_1 趋于无限大，因此谱线的长度趋于零。从物理概念上考虑，它既然称为信号，必然含有一定的能量，无论信号怎样分解，其所含能量是不变的。所以不管周期增大到什么程度，频谱的分布依然存在。从数学角度看，在极限情况下，无限多的无穷小量之和，仍等于一有限值，此有限值的大小取决于信号的能量。

基于上述原因，对非周期信号引入一个新的量——频谱密度函数。下面由周期信号的傅里叶级数推导出傅里叶变换，并说明频谱密度函数的意义。

设有一周期信号 $f(t)$ 及其复数频谱 $F(n\omega_1)$，将 $f(t)$ 展开成指数形式的傅里叶级数

$$f(t)=\sum_{n=-\infty}^{+\infty} F(n\omega_1)\mathrm{e}^{jn\omega_1 t} \tag{4-26}$$

其频谱为

$$F(n\omega_1)=\frac{1}{T}\int_{-\frac{T_1}{2}}^{\frac{T_1}{2}} f(t)\mathrm{e}^{-jn\omega_1 t}\,\mathrm{d}t \tag{4-27}$$

两边乘 T_1，得

$$F(n\omega_1)T_1=\frac{2\pi F(n\omega_1)}{\omega_1}=\int_{-\frac{T_1}{2}}^{\frac{T_1}{2}} f(t)\mathrm{e}^{-jn\omega_1 t}\,\mathrm{d}t \tag{4-28}$$

对于非周期信号，重复周期 $T_1 \to \infty$ 且重复频率 $\omega_1 \to \infty$，谱线间隔 $\Delta(n\omega_1) \to \mathrm{d}\omega$，而离散频率 $n\omega$ 变成连续频率 ω。在这种极限情况下，$F(n\omega_1) \to 0$，但量 $\dfrac{2\pi F(n\omega_1)}{\omega_1}$ 趋近于有限值，且变成一个连续函数，通常记作 $F(\omega)$ 或 $F(j\omega)$，即

$$F(\omega)=\lim_{\omega_1 \to +\infty}\frac{2\pi F(n\omega_1)}{\omega_1}=\lim_{T_1 \to +\infty} F(n\omega_1)T_1 \tag{4-29}$$

在式（4-29）中，$\dfrac{2\pi F(n\omega_1)}{\omega_1}$ 表示单位频带的频谱值，即频谱密度，因此 $F(\omega)$ 称为原函数 $f(t)$ 的频谱密度函数，简称频谱函数。

若以 $\dfrac{F(n\omega_1)}{\omega_1}$ 的幅度为高，以间隔 ω_1 为宽，画一个矩形，则该矩形的面积等于 $\omega = n\omega_1$ 频率处的频谱值 $F(n\omega_1)$，如此，$F(n\omega_1)T_1=\dfrac{2\pi F(n\omega_1)}{\omega_1}=\displaystyle\int_{-\frac{T_1}{2}}^{\frac{T_1}{2}} f(t)\mathrm{e}^{-jn\omega_1 t}\,\mathrm{d}t$ 在非周期信号的情况下就变成了

$$F(\omega) = \lim_{T_1 \to +\infty}\int_{-\frac{T_1}{2}}^{\frac{T_1}{2}} f(t)\mathrm{e}^{-jn\omega_1 t}\,\mathrm{d}t \tag{4-30}$$

即

$$F(\omega) = \int_{-\infty}^{+\infty} f(t)\mathrm{e}^{-jn\omega_1 t}\,\mathrm{d}t \tag{4-31}$$

傅里叶级数为

$$f(t) = \sum_{n=-\infty}^{+\infty} F(n\omega_1)\mathrm{e}^{jn\omega_1 t}$$

因为频谱间隔 $\Delta(n\omega_1)=\omega_1$，所以 $f(t)$ 可以写为

$$f(t) = \sum_{n\omega_1=-\infty}^{+\infty} \frac{F(n\omega_1)}{\omega_1}\mathrm{e}^{jn\omega_1 t}\Delta(n\omega_1) \tag{4-32}$$

通过极限的变换，傅里叶级数变成如下积分形式：

$$f(t) = \frac{1}{2\pi} \int_{-\infty}^{+\infty} F(\omega) e^{j\omega t} d\omega \quad （4\text{-}33）$$

式（4-31）和式（4-33）就是通过周期信号的傅里叶级数和极限变换的方法导出的非周期信号频谱的表示，也就是傅里叶变换。通常

$$F(\omega) = \int_{-\infty}^{+\infty} f(t) e^{-jn\omega_1 t} dt$$

称为傅里叶正变换；

$$f(t) = \frac{1}{2\pi} \int_{-\infty}^{+\infty} F(\omega) e^{j\omega t} d\omega \quad （4\text{-}34）$$

称为傅里叶逆变换。式中，$F(\omega)$ 是 $f(t)$ 的频谱函数。

为方便书写，通常以如下方式表示：

（1）傅里叶正变换：$F(\omega) = \mathcal{F}[f(t)] = \int_{-\infty}^{+\infty} f(t) e^{-j\omega t} dt$；

（2）傅里叶逆变换：$f(t) = \mathcal{F}^{-1}[F(\omega)] = \frac{1}{2\pi} \int_{-\infty}^{+\infty} F(\omega) e^{j\omega t} d\omega$。

4.4　常见非周期信号的傅里叶变换

4.4.1　矩形脉冲信号

矩形脉冲信号也称为门函数，用 G 表示，其定义为

$$G(t) = u\left(t + \frac{\tau}{2}\right) - u\left(t - \frac{\tau}{2}\right) \quad （4\text{-}35）$$

矩形脉冲信号的傅里叶变换为

$$G(f) = \tau \sin c(\pi f \tau) \quad （4\text{-}36）$$

式中，$\sin c(\pi f \tau) = \dfrac{\sin(\pi f \tau)}{\pi f \tau}$。

4.4.2　单边指数信号

如果 $x(t)$ 的傅里叶变换是 $X(f)$，那么单边指数信号通常是指一种形式为 e^{-at}

（ $t \geqslant 0$ ）的信号，其傅里叶变换为

$$x(t) = \mathrm{e}^{-at}u(t)$$

$$X(f) = \frac{1}{a + \mathrm{j}2\pi f} \tag{4-37}$$

式中， $u(t)$ 是单位阶跃函数。

4.4.3　双边指数信号

双边指数信号是指在 t 轴上从负无穷到正无穷都存在的信号，如 $\mathrm{e}^{-a|t|}$ 。如果 $x(t)$ 的傅里叶变换是 $X(f)$ ，那么其傅里叶变换为

$$x(t) = \mathrm{e}^{-a|t|}$$

$$X(f) = \frac{2a}{a^2 + (2\pi f)^2} \tag{4-38}$$

4.4.4　符号函数

符号函数在其输入为正时取值为 1，为负时取值为 -1，为 0 时取值为 0。如果 $x(t)$ 的傅里叶变换是 $X(f)$ ，那么其傅里叶变换为

$$x(t) = \mathrm{sgn}(t)$$

$$X(f) = \frac{2\mathrm{j}}{\pi f} \tag{4-39}$$

4.4.5　单位冲激信号

单位冲激信号在 $t = 0$ 处的取值是无穷大，但其积分为 1。如果 $x(t)$ 的傅里叶变换是 $X(f)$ ，那么其傅里叶变换为

$$x(t) = \delta(t)$$
$$X(f) = 1 \tag{4-40}$$

4.4.6　单位直流信号

如果 $x(t)$ 的傅里叶变换是 $X(f)$ ，那么单位直流信号是一个常数信号，其傅里叶变换为一个冲激函数，表示为

$$x(t) = A$$
$$X(f) = A\delta(f) \tag{4-41}$$

4.4.7　单位阶跃信号

单位阶跃信号在 $t \geqslant 0$ 时取值为 1，在 $t < 0$ 时取值为 0，其傅里叶变换为

$$u(t) = \frac{1}{2} + \frac{1}{\mathrm{j}2\pi f} \tag{4-42}$$

4.4.8　升余弦脉冲信号

升余弦脉冲信号是一种用于通信系统中的信号，具有升余弦形状，其傅里叶变换表示为

$$x(t) = \frac{E}{2}\left[1 + \cos\left(\frac{\pi t}{T}\right)\right] \ \ (0 \leqslant |t| \leqslant T) \tag{4-43}$$

4.5　傅里叶变换的基本性质

傅里叶变换揭示了时域函数 $f(t)$ 和与之对应的频谱函数 $F(\mathrm{j}\omega)$ 之间的内在联系。它说明了任一信号既可以在时域中描述，也可以在频域中描述。下面将讨论傅里叶变换的基本性质，这些基本性质从不同角度描述了当信号在某一个域改变时在另一个域所引起的效应，同时，这些基本性质为信号在时域和频域之间的相互转换提供了方便。下面是傅里叶变换的一些基本性质及其表示。

4.5.1　线性性质

若

$$f_1(t) \leftrightarrow F_1(\mathrm{j}\omega) \ , \ \ f_2(t) \leftrightarrow F_2(\mathrm{j}\omega) \tag{4-44}$$

则

$$af_1(t) + bf_2(t) \leftrightarrow aF_1(\mathrm{j}\omega) + bF_2(\mathrm{j}\omega) \tag{4-45}$$

式（4-45）中，a 和 b 是任意常数。

线性性质包含奇次性和叠加性，它表明两个或多个信号的线性组合的傅里叶变换等于各个信号傅里叶变换的线性组合。这个性质虽然简单，但很重要，它是频域分析的基础。

4.5.2　时移性质

若 $x(t)$ 的傅里叶变换是 $X(f)$，且信号 $x(t-t_0)$ 是 $x(t)$ 向右移动 t_0 单位时间后的信号，则其傅里叶变换为

$$X_{x(t-t_0)}(f) = X(f)\mathrm{e}^{-\mathrm{j}2\pi f t_0} \qquad (4\text{-}46)$$

4.5.3　频移性质

若 $x(t)$ 的傅里叶变换是 $X(f)$，且信号 $x(t)\mathrm{e}^{\mathrm{j}2\pi f_0 t}$ 是 $x(t)$ 乘一个复指数函数后的信号，则其傅里叶变换为

$$X_{x(t)\mathrm{e}^{\mathrm{j}2\pi f_0 t}}(f) = X(f-f_0) \qquad (4\text{-}47)$$

4.5.4　尺度变换性质

信号在时域中压缩，即将时间缩短为原来的 $\dfrac{1}{a}$（$a>1$），等效于在频域中扩展为原来的 a 倍，同时其幅度减小为原来的 $\dfrac{1}{a}$。反之，信号在时域中扩展，即将时间延长为原来的 a 倍，等效于在频域中压缩为原来的 $\dfrac{1}{a}$，同时其幅度增大为原来的 a 倍。信号在时域中压缩等效于在频域中扩展；在时域中扩展等效于在频域中压缩。由尺度变换性质可知，信号的持续时间与其频带宽度成反比。在通信技术中，为了提高信号的传输速度，需要压缩信号的时域脉冲宽度，但这是以频带的扩展为代价的。因此，在无线通信中，通信速度与占用频带宽度是一对矛盾。

若 $x(t)$ 的傅里叶变换是 $X(f)$，且信号 $x(at)$ 是 $x(t)$ 被时间尺度因子 a 缩放后的信号，则其傅里叶变换为

$$X_{x(at)}(f) = \frac{1}{|a|}X\left(\frac{f}{a}\right) \qquad (4\text{-}48)$$

4.5.5　对称性质

对于实值信号 $x(t)$，其傅里叶变换 $X(f)$ 满足以下对称性：

（1）若 $x(t)$ 是偶函数，则 $X(f)$ 也是偶函数；

（2）若 $x(t)$ 是奇函数，则 $X(f)$ 也是奇函数。

4.5.6 奇偶虚实性质

对于实值信号 $x(t)$，若其傅里叶变换 $X(f)$ 的虚部是奇函数，实部是偶函数，则有以下结论：

（1）若 $x(t)$ 是偶函数，则其傅里叶变换的实部是偶函数，虚部是奇函数；

（2）若 $x(t)$ 是奇函数，则其傅里叶变换的实部是奇函数，虚部是偶函数。

4.5.7 时域微分性质

若 $x(t)$ 的傅里叶变换是 $X(f)$，则 $\dfrac{\mathrm{d}}{\mathrm{d}t}x(t)$ 的傅里叶变换为

$$\mathcal{F}\left\{\frac{\mathrm{d}}{\mathrm{d}t}x(t)\right\} = \mathrm{j}2\pi f X(f) \tag{4-49}$$

4.5.8 时域积分性质

若 $x(t)$ 的傅里叶变换是 $X(f)$，则 $\int_{-\infty}^{t} x(\tau)\mathrm{d}\tau$ 的傅里叶变换为

$$\mathcal{F}\left\{\int_{-\infty}^{t} x(\tau)\mathrm{d}\tau\right\} = \frac{X(f)}{\mathrm{j}2\pi f} + \pi x(0)\delta(f) \tag{4-50}$$

4.5.9 频域微分性质

若 $x(t)$ 的傅里叶变换是 $X(f)$，则 $f^n X(f)$ 的傅里叶变换为

$$\mathcal{F}\{f^n X(f)\} = \left(\mathrm{j}2\pi\frac{\mathrm{d}}{\mathrm{d}t}\right)^n x(t) \tag{4-51}$$

4.5.10 频域积分性质

若 $x(t)$ 的傅里叶变换是 $X(f)$，则 $\int_{-\infty}^{+\infty} X(f)\mathrm{d}f$ 的傅里叶变换为

$$\mathcal{F}\left\{\int_{-\infty}^{+\infty} X(f)\mathrm{d}f\right\} = 2\pi x(t) \tag{4-52}$$

4.5.11 时域卷积定理

若 $x(t)$ 和 $h(t)$ 分别具有傅里叶变换 $X(f)$ 和 $H(f)$，则它们在时域的卷积 $(x*h)(t)$ 的傅里叶变换为

$$\mathcal{F}\{(x*h)(t)\} = X(f)H(f) \tag{4-53}$$

4.5.12　频域卷积定理

若 $x(t)$ 和 $h(t)$ 的傅里叶变换是 $X(f)$ 和 $H(f)$，则它们在频域的卷积 $(x \cdot h)(t)$ 的傅里叶变换为

$$\mathcal{F}^{-1}\{X(f)H(f)\} = x(t) * h(t) \tag{4-54}$$

这些性质在信号处理、系统分析和通信等领域中起着重要作用，可以帮助人们理解和操作信号的频域和时域表现。

4.6　卷积定理

卷积定理是信号处理和傅里叶变换中的一个重要定理。它表明信号的卷积在时域中对应于其傅里叶变换的乘积。

对于两个信号 $x(t)$ 和 $h(t)$，它们的卷积在时域中的关系是

$$\mathcal{F}[x(t) * h(t)] = X(j\omega)H(j\omega) \tag{4-55}$$

式中，$\mathcal{F}$ 表示傅里叶变换；$x(t) * h(t)$ 表示 $x(t)$ 和 $h(t)$ 的卷积；$X(j\omega)$ 和 $H(j\omega)$ 分别是 $x(t)$ 和 $h(t)$ 的傅里叶变换。

证明：卷积 $y(t) = x(t) * h(t)$ 定义为 $y(t) = \int_{-\infty}^{+\infty} x(\tau)h(t - \tau)\mathrm{d}\tau$。

计算 $y(t)$ 的傅里叶变换 $Y(j\omega)$，得 $Y(j\omega) = \mathcal{F}[y(t)] = \int_{-\infty}^{+\infty} y(t)\mathrm{e}^{-j\omega t}\,\mathrm{d}t$。

将卷积的定义代入傅里叶变换公式中，得

$$Y(j\omega) = \int_{-\infty}^{+\infty}\left[\int_{-\infty}^{+\infty} x(\tau)h(t - \tau)\mathrm{d}\tau\right]\mathrm{e}^{-j\omega t}\mathrm{d}t$$

交换积分的次序可得

$$Y(j\omega) = \int_{-\infty}^{+\infty} x(\tau)\left[\int_{-\infty}^{+\infty} h(t - \tau)\mathrm{e}^{-j\omega t}\,\mathrm{d}t\right]\mathrm{d}\tau$$

对内部积分进行变量替换，令 $u = t - \tau$，则 $\mathrm{d}u = \mathrm{d}t$，且

$$\int_{-\infty}^{+\infty} h(t - \tau)\mathrm{e}^{-j\omega t}\mathrm{d}t$$

$$= \int_{-\infty}^{+\infty} h(u)\mathrm{e}^{-j\omega(u + \tau)}\mathrm{d}u$$

$$= \mathrm{e}^{-j\omega\tau}\int_{-\infty}^{+\infty} h(u)\mathrm{e}^{-j\omega u}\,\mathrm{d}u$$

$$= e^{-j\omega\tau}H(j\omega)$$

式中，$H(j\omega)$ 是 $h(t)$ 的傅里叶变换。

将结果代入外部积分，可得

$$Y(j\omega) = \int_{-\infty}^{+\infty} x(\tau)\left[e^{-j\omega\tau}H(j\omega)\right]d\tau$$

$$= H(j\omega)\int_{-\infty}^{+\infty} x(\tau)e^{-j\omega\tau}\,d\tau$$

$$= H(j\omega)X(j\omega)$$

通过上述推导，证明了卷积定理：$\mathcal{F}[x(t)*h(t)] = X(j\omega)H(j\omega)$。

时域中的卷积运算对应于频域中的乘法运算。这个性质在信号处理、系统分析和滤波器设计中非常重要。

类似于时域卷积定理，可以得到频域卷积定理：对于两个时域信号 $x(t)$ 和 $h(t)$，它们的傅里叶变换分别是 $X(j\omega)$ 和 $H(j\omega)$，则信号乘积 $x(t)h(t)$ 的傅里叶变换可以表示为

$$x(t)h(t) \leftrightarrow \frac{1}{2\pi}X(j\omega)*H(j\omega) \tag{4-56}$$

证明：设 $x(t) \leftrightarrow X(j\omega)$ 和 $h(t) \leftrightarrow H(j\omega)$，即

$$X(j\omega) = \int_{-\infty}^{+\infty} x(t)e^{-j\omega t}\,dt$$

$$H(j\omega) = \int_{-\infty}^{+\infty} h(t)e^{-j\omega t}\,dt$$

则 $x(t)h(t)$ 的傅里叶变换 $Y(j\omega)$ 为

$$Y(j\omega) = \int_{-\infty}^{+\infty} x(t)h(t)e^{-j\omega t}\,dt$$

卷积定理表明卷积的傅里叶变换等于乘积的傅里叶变换

$$x(t)*h(t) \leftrightarrow X(j\omega)*H(j\omega) \tag{4-57}$$

令 $x(t)*h(t)$ 为卷积，计算其傅里叶变换

$$\mathcal{F}[x(t)*h(t)] = X(j\omega)*H(j\omega) \tag{4-58}$$

这里要注意，需要处理的是乘积 $x(t)h(t)$ 的傅里叶变换。因此，可以使用傅里叶变换的反演公式来找到它们之间的关系。卷积的傅里叶变换等于乘积的傅里叶变换。

反向计算：

$$x(t)h(t) \leftrightarrow \frac{1}{2\pi}X(j\omega)*H(j\omega) \tag{4-59}$$

这里，乘 $\frac{1}{2\pi}$ 是因为傅里叶变换的尺度因子，确保了变换结果的单位一致，即在频

域中，乘积对应的卷积结果需要除以 2π 才符合傅里叶变换的标准定义。

因此，信号的乘积 $x(t)h(t)$ 的傅里叶变换等于其各自傅里叶变换的卷积，且需要除以 2π，因此可得

$$x(t)h(t) \leftrightarrow \frac{1}{2\pi}\big[X(j\omega) * H(j\omega)\big]$$

这一结果对于信号处理、通信系统及其他应用领域而言，具有极高的实用价值，特别是在深入剖析信号乘积对系统所产生影响的过程中，其作用尤为关键。

4.7　周期信号的傅里叶变换

4.7.1　正弦信号、余弦信号的傅里叶变换

1. 正弦信号的傅里叶变换

考虑一个正弦信号 $x(t) = \sin(\omega_0 t)$，其中 ω_0 是信号的角频率。其傅里叶变换可以表示为两个复指数函数的傅里叶变换之差：

$$\sin(\omega_0 t) = \frac{e^{j\omega_0 t} - e^{-j\omega_0 t}}{2j} \tag{4-60}$$

所以其傅里叶变换 $X(j\omega)$ 是

$$X(j\omega) = \mathcal{F}\big[\sin(\omega_0 t)\big] = \frac{1}{2j}\Big[\mathcal{F}(e^{j\omega_0 t}) - \mathcal{F}(e^{-j\omega_0 t})\Big] \tag{4-61}$$

根据傅里叶变换的定义，得

$$\mathcal{F}(e^{j\omega_0 t}) = 2\pi\delta(\omega - \omega_0)$$
$$\mathcal{F}(e^{j\omega_0 t}) = 2\pi\delta(\omega + \omega_0)$$

因此，正弦信号的傅里叶变换是

$$X(j\omega) = -j\pi\big[\delta(\omega - \omega_0) - \delta(\omega + \omega_0)\big] \tag{4-62}$$

2. 余弦信号的傅里叶变换

考虑一个余弦信号 $x(t) = \cos(\omega_0 t)$。其傅里叶变换可以表示为两个复指数函数的傅里叶变换之和：

$$\cos(\omega_0 t) = \frac{e^{j\omega_0 t} + e^{-j\omega_0 t}}{2} \quad (4\text{-}63)$$

所以其傅里叶变换 $X(j\omega)$ 是

$$X(j\omega) = \mathcal{F}\left[\cos\left(\omega_0 t\right)\right] = \frac{1}{2}\left[\mathcal{F}(e^{j\omega_0 t}) + \mathcal{F}(e^{-j\omega_0 t})\right] \quad (4\text{-}64)$$

根据傅里叶变换的定义，得

$$\mathcal{F}(e^{j\omega_0 t}) = 2\pi\delta(\omega - \omega_0)$$

$$\mathcal{F}(e^{-j\omega_0 t}) = 2\pi\delta(\omega + \omega_0)$$

因此，余弦信号的傅里叶变换是

$$X(j\omega) = \pi\left[\delta(\omega - \omega_0) + \delta(\omega + \omega_0)\right] \quad (4\text{-}65)$$

4.7.2　一般周期信号的傅里叶变换

一个周期为 T 的周期信号 $x(t)$ 可以展开为傅里叶级数

$$x(t) = \sum_{n=-\infty}^{+\infty} c_n e^{jn\omega_0 t} \quad (4\text{-}66)$$

式中，$\omega_0 = \dfrac{2\pi}{T}$ 是基本频率；c_n 是傅里叶级数系数，可以通过以下公式计算。

$$c_n = \frac{1}{T}\int_0^T x(t)e^{-jn\omega_0 t}\,dt \quad (4\text{-}67)$$

由傅里叶级数的傅里叶变换，可以得到周期信号的傅里叶变换是离散频谱的集合，具有脉冲函数的形式，即

$$X(j\omega) = \sum_{n=-\infty}^{+\infty} c_n \delta(\omega - n\omega_0) \quad (4\text{-}68)$$

式中，$\delta(\omega - n\omega_0)$ 表示在频率 $n\omega_0$ 处的脉冲；c_n 是每个脉冲的幅度；ω_0 为频率间隔。

4.8　抽样定理

在现代科技和工程领域中，数字信号处理技术因其灵活性和便捷性，已经成为许多应用的核心，特别是在通信、控制系统、信号处理等众多领域中，数字信号处

理技术被广泛采用。然而，在实际工程应用中，人们通常遇到的信号都是连续的，例如声音波形、图像数据等。为了利用数字信号处理技术对这些信号进行处理，必须先将这些连续信号转换成离散信号。这一转换过程通常包括三个主要步骤：首先是抽样，即将连续信号转换为一系列离散的样本点；其次是量化，即将样本点的幅度值转换为有限数量的离散级别；最后是编码，即将量化后的样本点转换为数字形式，从而形成数字信号。通过这样的处理，数字信号就可以被传输和处理，而在需要时，通过执行这些步骤的逆过程，就可以从数字信号中恢复出原始的连续信号。

　　抽样为连续信号转换为数字信号的第一步，其重要性不言而喻。它不仅决定了后续处理的可行性，还直接关系到重建原始信号。那么抽样后的离散信号是否能够完整地包含原始连续信号的所有信息？在什么条件下，才能确保通过抽样后的离散信号无失真地重建原始的连续信号？为了解答这些问题，下面介绍抽样定理。

　　抽样定理又称为奈奎斯特（Nyquist）采样定理或香农（Shannon）采样定理，是信号处理领域中的一个基础理论。其核心思想是通过对连续信号进行离散化采样，从而能够在不丢失信息的情况下重建原始信号。该定理由奈奎斯特、科捷利尼科夫（Kotelnikov）和香农等科学家提出和发展，是数字信号处理和现代通信技术的理论基石。

　　抽样定理的提出和发展有其历史渊源。1928 年，奈奎斯特首次提出了抽样理论的基本概念，他的研究为后续的抽样定理奠定了基础。奈奎斯特的工作主要关注如何有效地从有限的样本中恢复连续信号，他提出采样频率应满足一定条件，以避免信息丢失的现象。他指出，为了能够准确恢复连续信号，需要对信号进行足够频繁的采样，这一思想成了后续理论发展的核心。1933 年，科捷利尼科夫进一步发展了这一理论，并提供了抽样定理的严格数学证明。他的工作对抽样定理的数学基础进行了系统化和精确化，使定理的形式化表达形成了。科捷利尼科夫的研究详细说明了如何在采样过程中避免混叠现象（高频信号成分在离散化过程中伪装成低频信号），并给出了在离散信号中准确重建原始信号的条件。1948 年，香农在其信息论的奠基性论文中进一步完善了抽样定理，并将其应用于信息传输和通信系统的设计中。香农的贡献在于将抽样定理与信息论中的其他基本概念结合起来，如信道容量和信息编码，使该理论不仅限于信号重建，而是扩展到数据传输的实际应用中。为了避免信号在离散化过程中失真，采样频率必须至少为信号最高频率的两倍（奈奎斯特频率），这一结论被称为采样定理的核心准则。

　　抽样定理的核心思想是，在一定条件下，连续信号可以通过离散的样本进行完全重建。具体而言，只要信号是带限的，即其频谱在某个有限频率之后趋近于零，并且采样频率至少为信号最高频率的两倍，那么就可以通过这些离散样本完全恢复原始信号。这个理论为数字信号处理提供了理论基础，使得人们可以将模拟信号转换为数字信号进行处理，同时保证了信号的信息不会丢失。

尽管抽样定理在理论上提供了完美的信号恢复方案，但在实际应用中存在一些挑战。首先是混叠现象，如果采样频率低于奈奎斯特频率，那么高于半采样频率的信号成分会与低频信号成分重叠，从而导致信号失真。为了防止混叠现象，通常需要在采样前对信号进行抗混叠滤波，以去除高于奈奎斯特频率的频率成分。其次是量化误差。在实际的数字信号处理中，连续的采样值需要转换为离散的数字值，这一过程可能会引入量化误差。量化误差会影响信号的精度，因此在设计数字系统时需要合理选择量化位数和精度，以尽量减少误差对信号质量的影响。

4.8.1 时域抽样定理

如果一个信号 $f(t)$ 的频谱 $F(\omega)$ 限制在一个固定的频率范围 $(-\omega_m，+\omega_m)$ 内，其中 $\omega_m = 2\pi f_m$ 是信号的最高角频率，那么这个信号 $f(t)$ 可以通过等间隔的抽样点唯一地进行表示。

为了从信号 $f(t)$ 中准确获取信息，抽样的时间间隔 T_s 必须足够短。具体而言，抽样时间间隔 T_s 需要不大于 $\frac{1}{2f_m}$，因此最低的抽样频率 f_s 必须至少是 $2f_m$。

在对信号 $f(t)$ 进行抽样后，得到的抽样信号 $f_s(t)$ 的频谱 $F_s(\omega)$ 会是原始频谱 $F(\omega)$ 的重复，即频谱以 ω_s 为周期重复。如果抽样满足一定条件（冲激抽样条件），这种重复不会导致频谱的失真。要避免混叠现象，抽样频率 ω_s 必须满足 $\omega_s \geqslant 2\omega_m$。这样，抽样信号 $f_s(t)$ 就能完整地表示原始信号 $f(t)$ 了，即可以从 $f_s(t)$ 中恢复出 $f(t)$。

从物理角度看，信号的变化速度受到其最高频率 f_m 的限制。为了捕捉所有频率成分的信息，必须保证在每个周期内至少抽样两次。因此，抽样频率需要满足 $f_s \geqslant 2f_m$。奈奎斯特间隔是指最大允许的抽样时间间隔。

如果满足抽样定理的条件，可以通过与矩形函数 $H(\omega)$ 相乘的方式从抽样信号的频谱 $F_s(\omega)$ 中准确恢复原始信号的频谱 $F(\omega)$。这个矩形函数 $H(\omega)$ 代表一个理想低通滤波器，其传输函数可以用于滤波。在滤波器的输出端，可以得到频谱为 $F(\omega)$ 的连续信号 $f(t)$，从而从抽样信号中恢复出了原始信号。

4.8.2 频域抽样定理

根据时域与频域之间的对称性，可以从时域抽样定理推导出频域抽样定理。这种对称性意味着在信号处理的理论中，时域和频域的抽样过程在某种程度上是相互映射的。频域抽样定理的核心内容：如果一个信号 $f(t)$ 是时间受限的，也就是说这个信号在时间区间 $[-t_m, t_m]$ 内存在，而在其他时间范围内为零，那么可以对其在频域中的频谱 $F(\omega)$ 进行抽样。这个抽样操作要求在频域中抽样的间隔不超过 $\dfrac{1}{T}$（T 为抽样时间间隔）的频率间隔。在这种情况下，抽样后的频谱 $F_s(\omega)$ 将能够唯一地表示原始信号 $f(t)$。

从物理角度来看，这种现象并不难以理解。对频谱 $F(\omega)$ 进行抽样实际上等效于在时域中创建一个周期信号 $f_s(t)$。这种周期信号的形成是因为频域中的抽样过程会将信号的频谱以周期性的方式重复，从而使时域中的信号变成一个周期信号。只要频域中的抽样时间间隔 T 不超过 $\dfrac{2\pi}{T}$，在时域中的信号波形就不会出现混叠现象。这是因为在频域抽样后得到的周期信号在时域中能够完美地重构原始信号的各个周期成分。

此外，可以使用矩形脉冲信号作为选通信号，通过从周期信号 $f_s(t)$ 中选择一个单独的脉冲，从而提取出一个周期内的信号。这种方法允许人们从抽样后的周期信号中准确地恢复出原始信号 $f(t)$，可以确保恢复过程没有失真。

频域抽样定理和时域抽样定理之间的对称关系揭示了信号处理中的基本原理，使人们能够理解和应用这两个领域的抽样理论。频域抽样的概念在实际应用中尤其重要，它帮助人们在处理和恢复信号时保持信号的完整性和精确性。频域抽样定理与时域抽样定理密切相关，两者通过对称性联系起来，这展现了时域和频域之间的深刻关系。在实际应用中，这一理论为信号处理提供了理论基础，帮助人们在实际信号处理过程中进行了有效的抽样和恢复。

4.9 傅里叶变换应用于通信系统

4.9.1 无失真传输

在常规情况下，系统的输出波形往往无法完全复制输入的激励波形，这主要是因为信号在传输过程中会失真。这种失真在线性系统中尤为显著，主要源自两个方面的影响。一方面，系统会对信号中的各个频率成分进行不同程度的幅度衰减，这种不均匀的衰减会改变各频率成分之间的相对幅度关系，进而造成幅度上的失真。另一方面，系统对各个频率成分产生的相位偏移并不遵循与频率成比例的规律，这种不规则的相位偏移会改变各频率成分在时间轴上的相对位置，从而导致相位上的失真。

必须明确指出的是，在线性系统中，无论是幅度失真还是相位失真，都不会导致新的频率分量的产生。这是因为线性系统的特性决定了其输出信号仅是输入信号的线性变换，而不会引入额外的频率成分。然而，对于非线性系统，由于其固有的非线性特性，当传输信号时，可能会出现非线性失真。这种非线性失真可能会导致新的频率分量的产生，从而使输出信号与输入信号在频率成分上有所不同。这种情况在实际应用中需要特别注意，因为非线性失真可能会对信号的传输质量产生负面影响。

在现实世界的应用场景中，人们经常会遇到需要有意识地利用系统进行波形变换的情况。然而，这种变换过程不可避免地会产生一些失真。尽管如此，在某些特定的应用场合，人们仍然希望能够尽可能地减少信号在传输过程中的失真。为了实现这一目标，人们需要深入研究和探讨无失真传输的条件。无失真传输是信号在传输过程中保持其原有的波形特征，不发生任何失真的传输。为了达到这一理想状态，需要确保系统的频率响应特性是平坦的，即系统对所有频率成分的增益和相位延迟都是恒定的。这样，信号的各个频率成分在传输过程中不会发生幅度和相位的变化，从而保证了信号的完整性。为了实现无失真传输，系统必须满足以下条件：①系统的频率响应必须是线性的，即系统的输出与输入呈现正比关系，且不随输入信号的频率变化而变化；②系统的相位响应必须是线性的，即系统对不同频率成分的相位延迟是恒定的，没有频率依赖性；③系统的增益必须是恒定的，即系统对所有频率成分的放大或衰减程度是一致的，没有频率选择性。

只有当系统满足上述条件时，信号在传输过程中才能保持其原有的波形特征，实现无失真传输。然而，在实际应用中，完全无失真的传输是非常困难的，因为实际系统或多或少都会存在一些非理想因素，如非线性失真、频率选择性失真等。因此，研究无失真传输的条件不仅有助于人们理解理想情况下的传输特性，还能指导人们在实际应用中尽可能地减少信号失真，以提高传输质量。

无失真传输指的是响应信号与激励信号相比，仅在幅度和时间上存在差异，而波形保持一致。若设定激励信号为 $e(t)$，响应信号为 $r(t)$，则无失真传输的条件可表述为 $r(t) = Ke(t - t_0)$，其中 K 代表一个恒定的系数，而 t_0 则指代延迟时间。在满足此条件的情况下，$r(t)$ 的波形将与 $e(t)$ 的波形保持一致，仅在时间上产生 t_0 的延迟，并且在幅度上会按照 K 的倍数进行调整。

下面讨论为满足式 $r(t) = Ke(t - t_0)$，实现无失真传输，对系统函数 $H(j\omega)$ 应提出怎样的要求。

设 $r(t)$ 与 $e(t)$ 的傅里叶变换分别为 $R(j\omega)$ 与 $E(j\omega)$。借助傅里叶变换的延时定理，从 $r(t) = Ke(t - t_0)$ 可以得到

$$R(j\omega) = KE(j\omega)e^{-j\omega t_0} \tag{4-69}$$

此外，还有

$$R(j\omega) = H(j\omega)E(j\omega) \tag{4-70}$$

所以，为满足无失真传输，应有

$$H(j\omega) = Ke^{-j\omega t_0} \tag{4-71}$$

式（4-71）阐述了无失真传输的条件，并对系统的频率响应特性进行了描述。为确保信号在通过线性系统时保持无失真状态，系统的频率响应必须在整个信号频带内保持幅度恒定，并且相位特性应呈现一条通过原点的直线。如图 4-6 所示，幅度特性保持恒定值 K，而相位特性的斜率则为 $-t_0$。从物理学角度分析，此条件可得到明确的阐释。由于系统函数的幅度 $|H(j\omega)|$ 恒定为 K，因此响应中各频率分量的幅度将与激励信号保持一致，从而避免了幅度失真。为防止相位失真，各频率分量的响应须与激励信号中相应分量的滞后时间保持同步，这一要求在相位特性上体现为一条通过原点的直线。接下来，将通过具体实例进一步阐释此概念。

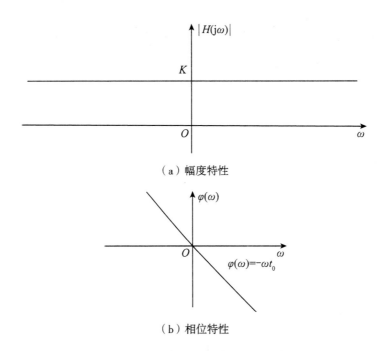

（a）幅度特性

（b）相位特性

图 4-6　无失真传输系统的幅度特性和相位特性

为确保信号在传输过程中不出现相位失真，信号在通过线性系统时，各谐波分量的相移必须与其频率保持正比关系。也就是说，系统的相位特性应当表现为一条通过原点的直线，具体表述为

$$\varphi(\omega) = -\omega t_0 \tag{4-72}$$

显然，信号通过系统的延迟时间 t_0 的相反数即为相位特性的斜率

$$\frac{\mathrm{d}\varphi(\omega)}{\mathrm{d}\omega} = -t_0 \tag{4-73}$$

对于传输系统相位特性的另一种表述方式，采用群时延（亦称群延时）特性来进行阐释。群时延 τ_g 的定义为

$$\tau_\mathrm{g} = -\frac{\mathrm{d}\varphi(\omega)}{\mathrm{d}\omega} \tag{4-74}$$

群时延的定义是系统相位特性随频率变化的导数的负值。在信号传输过程中，若无相位失真的要求，则群时延特性应保持恒定。对于实际的传输系统而言，$\frac{\mathrm{d}\varphi(\omega)}{\mathrm{d}\omega}$ 的值为负，因此群时延 τ_g 的值为正，这是一种简化的表达方式，与 $-\frac{\mathrm{d}\varphi(\omega)}{\mathrm{d}\omega}$ 相对应。在众多著作中，群时延 τ_g 也常以 $\tau_\mathrm{g} = \frac{\Delta\varphi(\omega)}{\Delta\omega}$（当 $\Delta\omega$ 趋近于零时）的比值形式进行估算或实测。相较于直接使用 $\varphi(\omega)$ 来描述相位特性，群时延的间接表达

方式更便于实际操作中的测量，并有助于人们深入理解调幅波传输过程中波形演变的规律。

为满足无失真传输对系统函数 $H(j\omega)$ 的要求，这是在频域方面提出的。如果用时域特性表示，可以写出系统的冲激响应：

$$h(t) = K\delta(t - t_0) \tag{4-75}$$

此结果表明：当信号通过线性系统时，为了不产生失真，冲激响应也应该是冲激函数时间延后的结果。

在实际应用中，与无失真传输这一要求相反的另一种情况是有意识地利用系统引起失真来形成某种特定波形，这时，系统传输函数 $H(j\omega)$ 应该根据所需的具体波形进行调整。

4.9.2　理想低通滤波器

1. 理想低通滤波器的频域特性和冲激响应

人们对信号特性进行了科学的理想化处理，并深入掌握了诸如冲激函数、阶跃函数等理想模型。这些模型的引入极大地促进了人们的研究工作，使人们对诸多物理现象的理解得以进一步深化。

在深入探究系统特性时，人们同样需要构建一系列理想化的系统模型。所谓理想滤波器，正是基于滤波网络的某些特性进行理想化定义的产物。理想滤波器的定义，可根据不同的实际需求和视角进行多元化诠释。其中，应用较为广泛的是具备矩形幅度特性和线性相移特性的理想低通滤波器。如图 4-7（a）所示，此类低通滤波器能够确保低于特定截止频率的所有信号得以无损传输，同时对高于截止频率的信号实现彻底衰减。其相位特性表现如图 4-7（b）所示，为一条经过原点的直线，同样满足了无失真传输的严格要求。

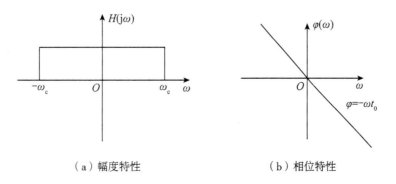

（a）幅度特性　　　　　　　（b）相位特性

图 4-7　理想低通滤波器的幅度特性和相位特性

理想低通滤波器网络函数的表达式为

$$H(\mathrm{j}\omega) = \begin{cases} 1, & |\omega| \leqslant \omega_c \\ 0, & |\omega| > \omega_c \end{cases} \quad\quad (4\text{-}76)$$

式中，ω_c 为截止频率。

对 $H(\mathrm{j}\omega)$ 进行傅里叶逆变换，不难求得网络的冲激响应：

$$h(t) = \frac{1}{2\pi}\int_{-\infty}^{+\infty} H(\mathrm{j}\omega)\mathrm{e}^{\mathrm{j}\omega t}\mathrm{d}\omega \quad\quad (4\text{-}77)$$

其中，冲激响应 $h(t)$ 波形的一个峰值位于 $t = t_0$ 时刻，$h(t)$ 也可以写作

$$h(t) = \delta(t - t_0) * \mathrm{sinc}(\omega_c(t - t_0)) \quad\quad (4\text{-}78)$$

式（4-78）中，$\mathrm{sinc}(\ )$ 为正弦积分函数。在研究正弦积分函数 $\mathrm{sinc}(\ )$ 时，人们不可避免地会遇到一个引人深思的问题：依据冲激响应的定义，当激励信号 $\delta(t)$ 在 $t = 0$ 时刻输入时，似乎响应在 $t < 0$ 的时刻就已经产生了，这不禁让人产生疑惑，网络似乎能够预测激励函数，仿佛它具备了预知未来的能力。实际上，构建一个具备此类理想特性的网络是不现实的。在理论研究中，理想低通滤波器扮演着极其重要的角色，但在现实世界的电路实践中，人们无法实现这一理想模型。尽管如此，理想低通滤波器的研究价值并未因其不可实现性而削减。在分析和设计实际滤波器的过程中，理想低通滤波器的理论往往作为重要的参考依据。

2. 理想低通滤波器的阶跃响应

当一个包含跃变不连续点的信号通过低通滤波器进行传输时，输出端的不连续点将会被平滑化，从而形成一种渐变的效果。这种现象的出现是因为信号在时间轴上的剧烈变化实际上包含了大量的高频分量，而相对平缓的信号则主要由低频分量构成。低通滤波器的作用在于滤除这些高频分量，从而使信号变得更加平滑。具体来说，当一个阶跃信号作用于一个理想低通滤波器时，输出端呈现的波形将会逐渐上升，而不再是输入信号时那种急剧上升的态势。信号的上升时间与滤波器的截止频率密切相关，经过理论证明，上升时间与滤波器的截止频率之间存在一种反比关系。如果滤波器的截止频率较低，那么输出端信号的上升过程将会变得更加缓慢。

已知理想低通滤波器的网络函数为

$$H(\mathrm{j}\omega) = \begin{cases} 1, & |\omega| < \omega_c \\ 0, & \omega\text{为其他值} \end{cases} \quad\quad (4\text{-}79)$$

式中，ω_c 为截止频率。

阶跃信号的傅里叶变换是

$$E(\mathrm{j}\omega) = \frac{1}{\mathrm{j}\omega} + \pi\delta(\omega) \quad\quad (4\text{-}80)$$

理想低通滤波器的输出响应 $R(j\omega)$ 为

$$R(j\omega) = H(j\omega)E(j\omega) = \left[\pi\delta(\omega) + \frac{1}{j\omega}\right]e^{-j\omega t_0}\ (|\omega| < \omega_c) \qquad (4-81)$$

现在可以利用卷积或直接取逆变换的方法求得阶跃响应，按逆变换定义，得

$$r(t) = \frac{1}{2\pi}\int_{-\infty}^{+\infty} R(j\omega)e^{j\omega t}d\omega \qquad (4-82)$$

注意到式（4-78）中，前边一项积分的被积函数 $\cos(\omega(t - t_0))$ 是奇函数，所以积分为零，后边一项积分的被积函数是偶函数，因而

$$r(t) = \frac{1}{2}\left[\text{sinc}(\omega_c(t - t_0))\right] \qquad (4-83)$$

函数 sinc( ) 在一些数学书中已制成标准表格或曲线，以符号 $\text{Si}(y)$ 表示为

$$\text{Si}(y) = \int_0^y \frac{\sin x}{x}dx \qquad (4-84)$$

将上述两函数图像同时画出，如图 4-8 所示。

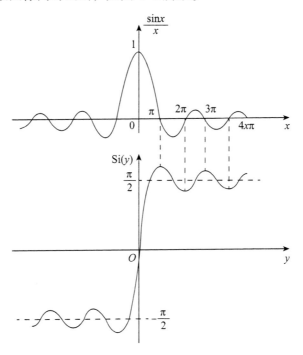

图 4-8　$\dfrac{\sin x}{x}$ 函数与 $\text{Si}(y)$ 函数图像

由图 4-8 可以看到，$\text{Si}(y)$ 是 y 的奇函数，考虑 $y > 0$ 的情况，随着 y 值增加，$\text{Si}(y)$ 从 0 增长，之后围绕零点起伏，起伏逐渐减小并趋于稳定，各极值点与正弦函数的零点对应。例如，$\text{Si}(y)$ 第一个峰点就在 $y = \pi$ 处出现。引用以上数学结论，响应 $r(t)$ 可以写作

$$r(t) = \frac{1}{2}\Big[\operatorname{sinc}\big(\omega_c\left(t-t_0\right)\big)\Big]$$

把单位阶跃激励 $u(t)$ 及其响应 $r(t)$ 分别示于图 4-9（a）和图 4-9（b）。

（a）单位阶跃激励

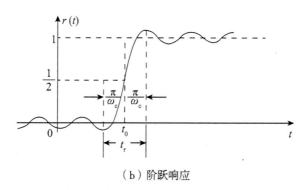

（b）阶跃响应

图 4-9　理想低通滤波器的单位阶跃激励及其响应

由图 4-9（b）可见，理想低通滤波器的截止频率 ω_c 越低，输出 $r(t)$ 上升越缓慢。若定义输出由最小值到最大值所需时间为上升时间 T_r，则从图 4-9 中可以得到 $T_r \approx \dfrac{2}{\omega_c}$。

在此，符号 ω_c 代表将角频率转换为频率的滤波器带宽，也就是人们通常所说的截止频率。基于这一定义，得出了一项关键的结论：系统的阶跃响应上升时间与其截止频率（带宽）之间存在一种反比关系。这一结论对于多种实际滤波器的设计与应用具有显著的指导意义。

以 RC 低通滤波器为例，其阶跃响应表现为指数增长的波形，阶跃响应上升时间与 RC 乘积值呈现正比关系。然而，从频域特性分析，该低通滤波器的带宽与 RC 乘积值呈现反比关系。在此，阶跃响应上升时间与带宽成反比的现象，与理想低通滤波器的理论分析结果是一致的。

具体来说，当 RC 低通滤波器的 RC 乘积值增大时，其带宽会相应减小，导致阶跃响应的上升时间变长。反之，当 RC 乘积值减小时，带宽增大，阶跃响应的上升时间则会缩短。这种关系在实际应用中具有重要的指导意义，因为它可以帮助人们设计出满足特定性能要求的滤波器。

　　例如，在信号处理中，如果需要一个快速响应的滤波器，就可以选择一个较小的 RC 乘积值，从而获得较大的带宽和较短的上升时间。相反地，如果需要一个滤波器具有较好的滤波效果，能够有效去除高频噪声，可以选择一个较大的 RC 乘积值，从而获得较小的带宽和较长的上升时间。

　　3. 理想低通滤波器对矩形脉冲的响应

　　利用上述结果，很容易求得理想低通滤波器对矩形脉冲的响应。设激励信号为

$$x(t) = u(t) - u(t - \tau) \tag{4-85}$$

其波形如图 4-10 所示。应用叠加原理，可以求得网络对 $x(t)$ 的响应：

$$r(t) = \mathrm{sinc}(\omega_c(t - \tau)) - \mathrm{sinc}(\omega_c(t - t_0 - \tau)) \tag{4-86}$$

　　必须注意的是，这里画出的是 τ 的情形。如果 τ 与 $\dfrac{2\pi}{\omega_c}$ 接近或大于 τ，响应波形失真将更加严重，有些像正弦波。也就是说，矩形脉冲通过理想低通滤波器传输时，必须使脉冲宽度 τ 与滤波器的截止频率相适应，才能得到大体上为矩形的响应脉冲。若 τ 过窄或太小，则响应波形上升与下降时间连在一起，就完全丢失了激励信号的脉冲形象。

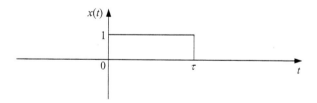

（a）矩形脉冲

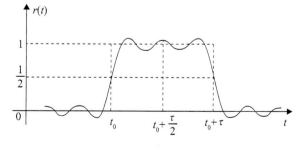

（b）响应脉冲

图 4-10　矩形脉冲通过理想低通滤波器

通过参考理想低通滤波器的阶跃响应理论，人们可以深入理解吉布斯（Gibbs）现象。当一个周期信号通过傅里叶级数分解时，通过选取有限数量的级数项进行叠加，可以得到一个近似的信号波形。然而，吉布斯现象揭示了一个有趣的现象：对于那些在某些点上不连续的波形，即使增加所取级数项的数量，以期更精确地逼近原始信号，但在这些不连续点（跳变点）处，近似波形的均方误差虽然会有所减少，但跳变点处的峰（上冲）值却无法减小。随着所取级数项数量的增加，这个峰值会逐渐靠近跳变点，而这个峰值的极限值会趋近于跳变值的9%。

参见图4-8，不难发现类似的现象。经计算，$Si(y)$ 的第一个峰值在 $y = \pi$ 处，$Si(y) = 1.85$ 。由此可以求得相应的阶跃响应峰值：

$$r(t) \approx \frac{1}{2} + 1.85 \text{sinc}(\omega_c(t - t_0)) \tag{4-87}$$

即第一个峰值上冲约为跳变值的8.95%，近似为9%。如果增大理想低通滤波器的带宽 ω_c，能够使阶跃响应的上升时间减短，却不能改变9%上冲的强度。

显然，理想低通滤波器对矩形脉冲的响应同样会出现此现象。

4.9.3　调制与解调

在现代通信系统中，信号的传输是一个复杂而关键的过程。为了确保信号能够从发射端顺利地传输到接收端，通常需要借助调制和解调技术来实现。调制是指将信息信号加载到一个高频载波信号上的过程，而解调则是将信息信号从高频载波信号中提取出来的过程。这两个过程在通信系统中起着至关重要的作用。有线电通信系统，顾名思义，是通过有线介质来传送信号的。然而，除了有线电通信，还有一种通过空间辐射方式传送信号的通信方式，即无线电通信。在无线电通信中，天线扮演着至关重要的角色。根据电磁波理论，天线的尺寸必须至少是被辐射信号波长的十分之一或更大，才能有效地将信号辐射出去。这是因为天线的长度直接影响其辐射效率和信号传播的范围。对于语音信号来说，其波长通常较长，因此相应的天线尺寸要在几十千米。显然，制造如此长的天线在实际操作中几乎是不可能的。因此，调制过程显得尤为重要。调制过程将信号的频谱搬移到较高的频率范围，这样信号就更容易以电磁波的形式辐射出去，从而克服了天线尺寸的限制，确保了通信系统的高效和可靠运行。通过这种方式，信号的传输变得更加高效和可靠。调制技术可以分为幅度调制、频率调制和相位调制等多种类型。每种调制方式都有其特点和应用场景。例如，频率调制在广播系统中广泛使用，因为它能够提供更好的抗干扰性能和更高的信号质量。而幅度调制则在长距离无线电通信中更为常见，尽管其抗干扰性能相对较差。

从另一个角度来看，如果不采取调制措施，而是直接将信号发射出去，那么各个电台发出的信号频率将会完全相同。这样一来，这些信号就会混杂在一起，导致接收者无法选择自己想要接收的特定信号。调制的实质在于将各种不同信号的频谱进行搬移，使它们能够互不重叠地占据不同的频率范围。也就是说调制就是将各个信号分别附加在不同频率的载波上，这样一来，接收机就能够通过分离出所需频率的信号来避免相互之间的干扰。这一问题的解决为在一个信道中传输多对通话提供了理论依据，这就是利用调制原理实现的多路复用技术。在简单的通信系统中，每个电台只能被一对通话者使用，而多路复用技术的出现使各路信号的频谱可以分别搬移到不同的频率区段，从而实现了一个信道内传输多路信号的多路通信。这种技术极大地提高了信道的利用率，使多组通话或数据传输可以在同一信道中同时进行。现代通信系统，无论是有线传输还是无线通信，都广泛采用了多路复用技术。这种技术不仅提高了通信效率，还大大节约了频谱资源，使通信系统能够更加高效地服务于更多的用户。

下面应用傅里叶变换的某些性质说明搬移信号频谱的原理。设载波信号为 $\cos(\omega_0 t)$ ，则它的傅里叶变换为

$$\mathcal{F}\left[\cos(\omega_0 t)\right] = \frac{\pi}{2}\left[\delta(\omega-\omega_0) + \delta(\omega+\omega_0)\right] \tag{4-88}$$

如果原始信号 $g(t)$ 的频谱为 $G(\omega)$ ，占据 $[-\omega_m,\ \omega_m]$ 的有限频带，则将 $g(t)$ 与 $\cos(\omega_0 t)$ 进行时域相乘，可以得到已调信号 $f(t)$ 。

根据卷积定理，已调信号的频谱 $F(\omega)$ 为

$$F(\omega) = \frac{1}{2}\left[G(\omega+\omega_0) + G(\omega-\omega_0)\right] \tag{4-89}$$

由此可以看出，信号的频谱被搬移到载频 ω_0 附近。

由已调信号 $f(t)$ 恢复原始信号 $g(t)$ 的过程称为解调。图 4-11 为实现解调的一种原理方框图，这里， $\cos(\omega_0 t)$ 是接收端的本地载波信号，它与发送端的载波同频同相。 $f(t)$ 与 $\cos(\omega_0 t)$ 相乘的结果使频谱 $F(\omega)$ 向左、右分别移动 ω_0 ，并乘以系数 $\frac{1}{2}$ ，得到频谱 $G(\omega)$ 。此图形也可以从时域的相乘关系得到解释：

$$g_0(t) = g(t)\cos(\omega_0 t)\cdot\cos(\omega_0 t) \tag{4-90}$$
$$F[g_0(t)] = \frac{1}{2}\left[G(\omega) + G(\omega+2\omega_0) + G(\omega-2\omega_0)\right]$$

再利用一个低通滤波器（带宽大于 ω_0 且小于 $2\omega_0$），滤除在频率为 $2\omega_0$ 附近的分量，即可取出 $g(t)$，完成解调。

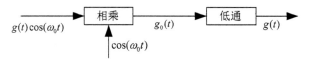

$$g(t)\cos(\omega_0 t) \rightarrow \boxed{相乘} \rightarrow g_0(t) \rightarrow \boxed{低通} \rightarrow g(t)$$

$$\uparrow \cos(\omega_0 t)$$

图 4-11   实现解调的一种原理方框图

这种解调称为乘积解调或同步解调，需要在接收端产生与发送端频率相同的本地载波，这将使接收机复杂化。为了在接收端省去本地载波，可以采用如下方法：在发射信号中加入一定强度的载波信号 $A\cos(\omega_0 t)$，这时，发送端的合成信号为 $[A+g(t)]\cos(\omega_0 t)$。如果 A 足够大，那么对所有 t 有 $A+g(t)>0$，此时，已调信号的包络就是 $A+g(t)$。

在这种情况下，可以利用一个简单的包络检波器从波形中提取出包络并恢复原始信号 $g(t)$。这个包络检波器主要由二极管、电阻和电容组成，而不需要本地载波的参与。这种方法在民用通信设备中得到了广泛的应用，例如在广播接收机中，它能够有效地降低接收机的成本。然而，这种方法的代价是需要一个价格较高的发射机，因为发射机需要提供足够强的信号 $A\cos(\omega_0 t)$ 的附加功率。尽管如此，这种方法仍然是划算的，因为在大量接收机的情况下，只需要一个发射机。在这种调制方法中，载波的振幅会随着信号 $g(t)$ 的变化而相应地改变，因此这种调制方式被称为振幅调制（调幅）。而之前提到的那种不传送载波的方式则被称为抑制载波振幅调制。除此之外，还有其他一些调制方式，例如单边带调制和残留边带调制等。

控制载波的频率或相位，也可以使它们随信号 $g(t)$ 成比例地变化，这两种调制方式分别称为频率调制（调频）或相位调制（调相）。它们的原理也是使 $g(t)$ 的频谱 $G(\omega)$ 搬移，但搬移后的频谱不再与原始频谱相似。

4.9.4   带通滤波系统的运用

在接下来的研究中，将深入探讨两个关键问题。首先，将详细分析调制信号（原始信号）在经过带通滤波器传输过程中的性能表现。这一问题在通信系统中极为常见，因为调制信号的传输质量直接影响整个系统的性能。其次，将研究一个理论上的问题，即如何利用带通滤波器来构建频率窗函数，从而提高信号在局部区域内的特性分辨率。这一理论是信号处理技术中一些新兴方法的核心。通过精确控制频率窗函数的形状和宽度，人们可以更有效地提取信号中的有用信息，抑制噪声和干扰，从而在信号处理过程中获得更高的分辨率和更清晰的信号特征。这一研究不仅有助于推动信号处理技术的发展，还能为实际应用提供更强大的技术支持。

1. 调幅信号作用与带通系统

为了实现调幅信号的有效传输，人们常常需要面对一个具体的技术问题，即如何使调幅信号通过带通滤波器并分析其输出响应。在这个过程中，带通滤波器的作用是选择性地允许特定频率范围内的信号通过，同时抑制其他频率的信号。为了更好地理解这一过程，可以举一个具体的例子来说明调幅信号通过带通滤波器后输出信号的特点。

【例题 4.1】已知带通滤波器的转移函数为 $H(s)=\dfrac{V_2(s)}{V_1(s)}=\dfrac{2s}{(s+1)^2+100}$，激励信号为 $v_1(t)=(1+\cos t)\cos(100t)$，求稳态响应 $v_2(t)$。

解：激励信号 $v_1(t)$ 的表达式可展开为

$$v_1(t)=\cos(100t)+\frac{1}{2}\cos(101t)+\frac{1}{2}\cos(99t)$$

显然，可以分别求这三个余弦信号的稳态响应，然后叠加。为此，由 $H(s)$ 写出频率响应特性：

$$H(j\omega)=\frac{2j\omega}{(j\omega+1)^2+100^2}$$

考虑到所研究的频率范围仅在 $\omega=100$ 附近，取近似条件 $\omega+100\approx2\omega$，于是有

$$H(j\omega)\approx1+j(\omega-100)$$

利用此式分别求系统对 $\cos(100t)$、$\dfrac{1}{2}\cos(101t)$、$\dfrac{1}{2}\cos(99t)$ 三个信号的响应，即

$$H(j100)=1,\quad H(j101)=\frac{\sqrt{2}}{2}e^{-j\frac{\pi}{4}},\quad H(j99)=\frac{\sqrt{2}}{2}e^{j\frac{\pi}{4}}$$

于是稳态响应 $v_2(t)$ 的表达式为

$$v_2(t)=\cos(100t)+\frac{1}{2}\left[\frac{\sqrt{2}}{2}\cos\left(101t-\frac{\pi}{4}\right)+\frac{\sqrt{2}}{2}\cos\left(99t+\frac{\pi}{4}\right)\right]$$

$$=\cos(100t)+\frac{\sqrt{2}}{2}\cos(100t)\cos\left(t-\frac{\pi}{4}\right)$$

$$=\left[1+\frac{\sqrt{2}}{2}\cos\left(t-\frac{\pi}{4}\right)\right]\cos(100t)$$

由于频率响应特性 $H(j\omega)$ 的影响，信号频谱产生了变化。此带通系统的幅频特性在通带内不是常数，因此，响应信号的两个边频分量 $\cos(99t)$ 和 $\cos(101t)$ 相对于

载频分量 $\cos(100t)$ 有所削弱。此外，它们还分别产生了 $\pm\dfrac{\pi}{4}$ 的相移，而载波的相移等于零。

通过分析 $v_1(t)$、$v_2(t)$ 不难发现，经此带通系统以后，调幅波包络的相对强度减小（调幅深度减小），而且包络产生时延，延迟时间可由相移差值与频率差值之比求得。

在本例中，带通系统的实际背景可以是一个 LC 并联谐振电路，它具有与本例中 $H(\mathrm{j}\omega)$ 类似的传输特性，通带内 $H(\mathrm{j}\omega)$ 不是常数，相位特性也不是直线，这可能引起包络波形的失真。由于本例中的调制信号仅仅是单一频率余弦波，未涉及包络波形失真的问题。如果调制信号具有多个频率分量，为保证传输波形的包络不失真，要求带通系统的幅频特性在通带内为常数，相频特性应为通过载频 ω_0 点的直线，这样的系统称为理想带通滤波器。

在利用带通系统传输调幅波的过程中，只关心包络波形是否失真，并不注意载波相位如何变化，因为在接收端经解调后会得到所需的包络信号，载波本身并未传递信息。通常，带通滤波器中心点 ω_n 与载波频率对应，其相频特性为零，以 ω_0 为中心取 $\Delta\varphi$ 和 $\Delta\omega$ 之比计算群时延即包络时延，而载波时延等于零。

2. 频率窗函数的运用

在研究信号的傅里叶变换时，总是认为对时域或频域都是从 $-\infty$ 到 $+\infty$ 范围内给出完整结果，从正、逆傅里叶变换公式的积分限可以清楚地看到这一点。然而，在许多实际问题中，往往需要研究信号在某一时间区间或某一频率区间内的特性，或者说希望观察信号在时域或频域的局部性能。这时可利用窗函数对信号频谱开窗，在时域称为时域窗函数，在频域称为频域窗函数，前面曾利用频域窗函数的概念说明了理想低通截断信号频谱产生吉布斯现象的原理，实际上更需要带通滤波的概念对信号频谱开窗，而且希望这种带通窗函数具有一定的可调节功能，下面举一个简单例子说明此类作用。

【例题 4.2】若信号 $f(t)$ 通过某线性时不变系统产生输出信号 $\dfrac{1}{\sqrt{a}}\displaystyle\int_{-\infty}^{+\infty} f(\tau)\omega\left(\dfrac{\tau-t}{a}\right)\mathrm{d}\tau$。

（1）求此系统的系统函数 $H_a(\omega)$。

（2）若 $\omega(t)=\dfrac{\sin(\pi t)\cos(3\pi t)}{\sqrt{\pi}\pi t}$，求 $H_a(\omega)$ 的表达式，并画出 $H_a(\omega)-\omega$ 图。

（3）说明此系统具有何种功能。

（4）当参变量 a 改变时，$H_a(\omega)-\omega$ 图变化有何规律？

解：（1）由所给表达式，按卷积关系可得系统的单位冲激响应为

$h_a(t) = \dfrac{1}{\sqrt{a}} \omega\left(-\dfrac{t}{a}\right)$。若函数 $\omega(t)$ 的傅里叶变换为 $W(\omega)$，借助尺度变换特性可求得

$$H_a(\omega) = \sqrt{a}\, W(-a\omega)$$

（2）根据已知条件，通过傅里叶变换可求得 $W(\omega) = \begin{cases} \dfrac{1}{2\sqrt{\pi}}, & 2\pi \leqslant \omega \leqslant 4\pi \\ 0, & \omega \text{为其他值} \end{cases}$

$W(\omega) - \omega$ 特性如图 4-12 所示。

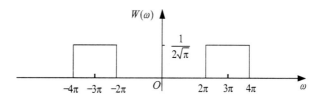

图 4-12　$W(\omega) - \omega$ 特性

由此可求出

$$h_a(t) = \dfrac{\sqrt{a}\sin\left(\dfrac{\pi t}{a}\right)\cos\left(\dfrac{3\pi t}{a}\right)}{\sqrt{\pi}\,\pi t}$$

$$H_a(\omega) = \begin{cases} \dfrac{1}{2}\sqrt{\dfrac{a}{\pi}}, & 2\pi \leqslant \omega \leqslant 4\pi \\ 0, & \omega \text{为其他值} \end{cases}$$

$H_a(\omega) - \omega$ 特性如图 4-13 所示。

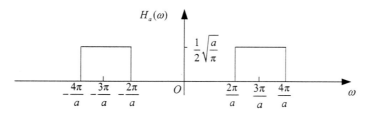

图 4-13　$H_a(\omega) - \omega$ 频率特性

（3）由图 4-13 中 $H_a(\omega) - \omega$ 频率特性可见，此系统功能是理想带通滤波，中心

频率 $\omega_0 = \dfrac{3\pi}{a}$，带宽 $B_\omega = \dfrac{2\pi}{a}$。

（4）当参变量 a 改变时，可调节此带通滤波器的中心频率与带宽。若增大 a 则中心频率降低、带宽变窄；若减小 a 则中心频率移至高端、带宽加宽。但在变化过

程中，这一系列带通滤波器的带宽与中心频率之比保持不变。

4.9.5 脉冲编码调制

利用脉冲序列对连续信号进行抽样产生的信号称为脉冲幅度调制（Pulse Amplitude Modulation, PAM）信号。这个过程的本质是将连续信号转化为脉冲序列，其中每个脉冲的幅度与对应抽样点信号的幅度成正比。这种转换是数字信号处理的基础，能够将模拟信号转变为离散时间的信号序列，为后续的数字处理和传输奠定了基础。

在实际的数字通信系统中，除了直接传送 PAM 信号之外，还有多种传输方式。其中，应用较为广泛的一种调制方式是脉冲编码调制（Pulse Code Modulation, PCM）。PCM 技术涉及将连续模拟信号转换为数字信号，从而使其适合通过数字通信系统进行传输和处理。PCM 的过程包括抽样、量化和编码三个主要步骤，这些步骤确保了信号在传输过程中被准确地恢复。

在 PCM 通信系统中，信号 $f(t)$ 经由脉冲序列 $p(t)$ 进行抽样，产生零阶保持信号 $f_s(t)$。这个信号是 PAM 信号，具有离散的时间和连续的幅度，例如阶梯形信号。接下来，量化过程将 PAM 信号转换为离散时间和离散幅度的多电平数字信号。这一过程是模拟到数字转换（A/D 转换）的关键部分，确保了模拟信号的精确数字表示。

脉冲编码调制的概念最早由美国人保罗·M.雷斯（Paul M. Rainey）于 1926 年提出，他的研究成果为 PCM 的进一步发展奠定了基础。随后，法国人里弗斯（Reeves）也进行了深入的研究，并提出了语音通信 PCM 电路的专利报告。1946 年，美国贝尔实验室成功试制了第一台 PCM 数字通信设备。这一创新标志着数字通信技术的重大突破。随着技术的发展，人们对这种数字通信方式的研究兴趣逐渐增加。20 世纪 70 年代后期，超大规模集成电路和计算机技术的飞速发展进一步推动了 PCM 通信系统的实用化。目前，PCM 技术已广泛应用于数字微波通信、光纤通信、卫星通信、程控交换、遥测和遥控等各类通信系统中，成为现代通信系统中的一项基础技术。

在远距离通信系统中，由于信号在长距离传输中会遭遇传输损耗，需要在适当的距离上插入中继器（转发器）来放大信号，否则信号可能会因为传输损耗而消失。在这一过程中，引入的噪声也会被放大。在传统的模拟通信系统中，当信号经过多级中继器转发时，噪声的累积效应可能会严重影响信号质量，导致信号失真。然而，当传输脉冲编码信号时，中继器不仅能够放大信号，还可以作为再生器使用。在每个脉冲持续期间，中继器会判断有无脉冲，并根据判断结果确定 1 码或 0 码的存在，或产生一个新的脉冲。这种方法能有效消除弱噪声的影响，只有当噪声强度足以使判断结果发生错误时，才会对系统产生影响。这种特性表明，在数字通信系统中，噪声不会随着多级中继器的使用而累积。通过合理设计中继器的间距，可以将噪声影响控制在相对满意的水平。这种优点使 PCM 通信系统相比于直接传送模拟信号具有明显优势。

在模拟信号的量化和重建过程中，会引入误差，这种误差被称为量化噪声。长期以来，关于量化噪声的研究已经相当成熟，通过合理设计 A/D 和 D/A 转换器，可以将量化噪声限制在一个很小的范围内，从而保证 PCM 系统具有足够满意的传输质量。量化噪声的研究涉及如何优化量化过程，以最大限度地减少对信号质量的影响。

PCM 的另一个重要优点是其高度的灵活性。在组合多种信源进行传输时，PCM 可以将语音信号、图像信号、数据信号等转化为统一格式的数字码流，这些信号可以灵活地交织在一起通过同一系统进行传输。这种灵活性使 PCM 在通信系统中能够支持各种类型的信号混合传输。例如，通过时分多路复用技术，可以在一个信道中同时传输多个信号流，从而提高传输效率。脉冲编码信号也方便实现各种数字信号处理功能，如数字滤波、数据压缩等，此外，它还易于完成各种形式的加密和解密，已在保密通信中得到广泛应用。

与直接传送模拟信号相比，将模拟信号转换为 PCM 信号进行传输时，占用的频带会明显加宽。例如，语音通信的频率范围通常在 300 Hz 到 3 400 Hz 之间，每个话路的带宽约为 4 kHz。为了满足抽样定理的要求，通常选择 8 kHz 的抽样频率。对于每个抽样点，如果按 8 位脉冲编码进行传送，那么一个话路的脉冲信号速率为 $8 \times 8 = 64$（kbit/s）。显然，这种方式所占用的频带远大于直接传送模拟信号所需的频带。下一节将进一步探讨脉冲编码信号的传输速率与所占频带之间的关系。

虽然频带压缩技术可以在一定程度上缓解数字信号占用较宽频带的问题，但这种技术仅适用于特定特征的信号，并且可能会导致通信质量的下降。因此，设计有效的编码和压缩方案对于保持通信质量至关重要。

4.9.6　频分复用与时分复用

在频分复用系统中，每个信号在整个时间内都存在于信道中，并且这些信号在频域上是混合的。频分复用的核心思想是，将可用的频谱分成多个不同的频带，每个信号在一个特定的频带上进行传输。每个频带是有限的，并且不与其他频带重叠，这样可以避免信号之间的干扰。这些频带可以看作频域上的时分复用，即通过不同的频率区间来区分不同的信号。例如，广播和电视传输通常使用这种方法，不同的频道占据不同的频带。相比之下，时分复用系统采用不同的方法来区分信号。在时分复用系统中，时间被划分为不同的时间片段，每个信号在一个特定的时间片段内进行传输。每个时间片段内的信号都是独立的，彼此之间不会重叠。这种方法可以理解为时域上的频分复用，即通过不同的时间区间来区分不同的信号。所有信号在频谱上可以使用相同的频带，因为它们在时间上是分开的。这种系统在数字通信中非常常见，例如数字电话系统和数据传输系统。

从本质上讲，频分复用信号保留了频谱的个性，即信号的区分主要依赖于频率特性。每个信号被分配到一个特定的频带中，而在这些频带之间，信号是完全独立的。这种方法的一个挑战是需要精确的频带滤波和频谱管理，以避免信号之间的干扰。而时分复用信号保留了波形的个性。信号的区分依赖于时间特性，而不是频率特性。每个信号被分配到一个特定的时间片段内，从而在时间上独立于其他信号。由于这种方法不依赖于频带的划分，它能够减少频谱管理的复杂性。

从电路实现的角度来看，时分复用系统通常优于频分复用系统。在频分复用系统中，各路信号需要产生不同的载波频率，并且每个载波频率占据一个特定的频带。这要求设计不同的带通滤波器来隔离各个频带，从而增加了系统的复杂性和成本。带通滤波器的设计需要精确，以确保信号的有效隔离和互相干扰的最小化。与此相对，时分复用系统的设计相对简单。各路信号使用相同的频带，只是在时间上分开进行传输。这意味着在产生和恢复信号时，电路结构是相同的，并且以数字电路为主，这使得系统更容易实现超大规模集成。统一的电路设计不仅降低了成本，还简化了设计和调试过程。

时分复用系统在处理干扰（串话）方面表现出色。在频分复用系统中，各种放大器的非线性特性可能导致谐波失真，产生多个频率倍频成分，从而引起各路信号之间的串话效应。这种串话效应会影响信号质量，因此在设计和制造放大器时，对其非线性特性的要求非常高，往往难以实现。

相对而言，时分复用系统不容易出现这种问题。虽然时分复用系统可能会遇到码间串扰的问题，但这种干扰通常较容易控制和减少。码间串扰是指相邻时间片段中的信号之间可能会发生干扰。这种干扰可以通过设计适当的脉冲编码和处理技术来控制，从而将其影响降到最低。

实际的时分复用系统大多用于传输 PCM 信号。PCM 技术将模拟信号转换为数字信号，并以脉冲形式进行编码。这使 PCM 信号可以在时分复用系统中充分体现其优点，包括信号的高保真性和抗干扰能力。

在 PCM 系统中，每个抽样点都要进行多位编码，这导致脉冲信号的传输速率增加，占用的频带也加宽，这是时分复用系统展示其许多优点的代价。尽管频带扩展可能导致带宽的增加，但可以通过频带压缩技术来改善信号的带宽使用。设计良好的编码方案可以有效地利用频带资源，并减少对系统性能的影响。

在各种数字通信系统设计中，码速与带宽的关系是一个重要的考虑因素。合理设计码脉波形可以确保频带得到充分利用，并且防止码间串扰。这些设计技术对于提升时分复用系统的性能和效率至关重要。

4.9.7　从综合业务数字网到信息高速公路

综合业务数字网（Integrated Services Digital Network，ISDN）是一种集数字化和智能化于一体的综合性通信体制。它不仅能够同时传输语音和非语音信号，如数据、图文传真、电子信函、图像等，还能够为用户提供全面的业务服务。在众多通信业务中，电话是基础且广泛使用的业务之一。在 20 世纪 50 年代之前，电话网络主要以模拟系统为主。然而，自 60 年代起，数字网络或模拟与数字混合网络开始出现，尽管如此，用户到交换局之间的电路仍然以模拟为主。除了电话业务外，其他业务统称非话业务。在模拟电话网络中，某些非话业务如图文传真和低速数据等可以进行传输，但这些信息通常无法与语音信息在同一电路中同时传送。随着科学技术的不断进步，用户对计算机数据、可视电话、可视图文、高清晰度电视等多种新型非话业务的需求日益增长。为了满足这些非话业务的需求，出现了许多专用网络，如计算机局域网和数据分组交换网等。每提出一种新的通信业务，就需要建设一种新的专用网络。这不仅导致了巨大的投资成本、漫长的建设周期，还使电路利用率变得低下，管理变得复杂。显然，这种传统的通信体制已经无法适应信息时代对信息需求急剧增长的新形势。因此，人们提出了一个新的设想：用户只需要一个通用的标准化接口，就可以与其他用户相互传输电话和非话信息。这种新型的系统就是 ISDN。实现这种新型通信体制的关键技术在于通信网络的数字化和业务的综合化。ISDN 规定了若干标准化的通路，根据带宽的不同，ISDN 可以分为窄带（N-ISDN）和宽带（B-ISDN）两大类型。N-ISDN 通常可以承载两路标准的 PCM

数字电话，其码率为 2×64 kbit/s，另外还有一条通路用于传送信令与控制信息，码率为 16 kbit/s，总计码率为 144 kbit/s。而 B-ISDN 的码率一般在 155 Mbit/s 以上，B-ISDN 能够传输高清晰度电视等各种宽带信息。ISDN 的出现，不仅提高了通信效率，降低了成本，还使得管理变得更加简便。它为用户提供了更加灵活、多样化的通信选择，满足了现代社会对信息传输的多样化需求。

为了在 ISDN 系统中有效地实现通信网络数字化和业务综合化，需要建立一种新的复用与交换体制，这种体制称为异步传递方式或异步转移模式（Asynchronous Transfer Mode, ATM）。ATM 的出现旨在解决传统通信系统在支持多种类型服务时的局限性，并提供更高效的网络资源利用和更灵活的服务支持。

ATM 是一种现代的网络传输技术，设计上与传统的同步转移模式（Synchronous Transfer Mode, STM）有所不同。ATM 的异步特性指的是其数据传输方式与传统的同步传输方式不同。在 ATM 中，数据包的传输和复用是基于异步的机制的，而不依赖于固定的时隙频率。这使得 ATM 可以在各种服务之间实现更灵活的资源分配和管理。

在 STM 中，信息传输是基于固定的时间片或时隙的。在 STM 系统中，所有的信息都被插入固定频率的时隙中，这些时隙在时间上是严格同步的。这种方式保证了每个时隙在网络中具有预定的时间位置，适用于固定的、周期性的传输需求。然而，STM 的这种同步机制在处理不同类型的服务时可能显得较为僵化，因为它需要对每个时隙进行严格的时间管理和调度。

例如，传统的时分复用系统就是一种典型的 STM 系统，其中每条通信线路被分配到固定的时间片段。在这种系统中，尽管可以有效地利用时间资源，但在处理变动的服务需求时，灵活性和效率较低。

ATM 的主要优势在于其灵活性和效率。ATM 系统通过将数据划分为固定大小的小单元（信元）来进行传输。每个信元的大小是固定的（通常为 53B），这使 ATM 能够有效地处理各种不同类型的服务，包括语音、视频和数据。这种固定大小的信元使得 ATM 在网络中能够高效地复用带宽，并支持各种传输速率和服务质量需求。

ATM 系统能够在不依赖于固定时隙的情况下动态地分配网络资源，这使 ATM 能够根据实际的网络负载和服务需求进行调整，从而提高网络资源的利用效率。

由于 ATM 使用了固定大小的信元，它能够同时支持不同类型的服务，包括实时的语音通信、视频会议和非实时的数据传输。这种多服务支持能力使得 ATM 在现代网络环境中非常有用，尤其是在需要同时处理多种类型流量的情况下。

ATM 的固定信元结构简化了网络的处理和交换过程，提高了网络传输的效率。ATM 网络可以通过硬件交换信元来实现高速的数据转发和处理，减少处理延迟和网络拥塞。

ATM 技术被广泛应用于各种网络场景。

在广域网中，ATM 提供了高带宽和高效的数据传输能力，支持了大规模的数据交换和业务传输。在局域网中，ATM 可以用于支持高速的数据通信和多种服务，如语音、视频和数据。ATM 可以用于升级传统电话网络，提供更高效的语音和数据传输服务。ATM 的高带宽和低延迟特性使其非常适用于支持高清视频会议和流媒体应用。

如图 4-14 所示，某路信息将均匀地按 1，2，3，…部分每隔 125 us（对应 8 kHz 频率）占用一个固定时隙，余下的时间以同样周期重复方式提供给其他各路信息传输使用。在接收端以周期性同步方式分解恢复各路信息。在 ATM 系统中，将各种类型业务的数字信息分解成长度一定的数据块，并在各数据块之前装配具有特征标记码组的信头，从而形成一个信元。每个信元长 53B，其中信头占 5B、用户信息占 48B。图 4-14（a）展示了 ATM 复用系统将用户信息分解成块，然后装入信元的过程。此处，不同于 STM，对于 ATM，只要能获得空位时隙，信元即可装入，不要求信元插入的位置具有周期性。在交换或接收过程中根据信头的标记识别各路信息，完成分解与复原。

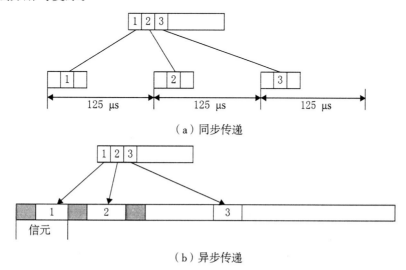

（a）同步传递

（b）异步传递

图 4-14　同步传递与异步传递比较

在 STM 中，当某路信息停止传输时，相应的时隙将会被闲置。这种方式是基于固定时间片的复用机制的，意味着即使某个时隙没有数据传输，系统仍然保留这个时隙以备将来使用。这种方法虽然保证了时间上的严格同步，但在处理实际的业务需求时可能会导致带宽浪费，因为闲置的时隙不能被其他业务使用。相比之下，ATM 采用了完全不同的机制。在 ATM 中，数据传输不依赖于固定的时隙，而是基于动态分配的信元的。ATM 网络能够在任何时候根据实际的数据需求动态调整带宽分配，从而最大限度地利用网络资源。这种方法使得网络能够有效地处理多种类型的业务，包括连续型和突发型业务。例如，ATM 能够灵活地处理实时语音通信及突发数据流量，而无须为每种服务预留固定的带宽。此外，ATM 系统利用信头标记来对传送的信息进行优先级划分。这意味着，系统可以根据业务的实时性要求，为不同类型的流量分配不同的优先级，以确保对实时性要求较高的业务（如视频会议）能够得到优先处理。这种优先级机制是 ATM 的一项关键优势，使其在高速数据传输过程中具有很好的灵活性和高效性。

因此，ATM 复用也被称为统计复用或标记复用。这些术语反映了 ATM 在资源分配上的灵活性和效率：统计复用指的是根据实际流量动态调整资源分配，而标记复用则指的是通过信头标记对数据进行分类和优先级管理。综合考虑交换、传输和复用等方面，ATM 网络提供了许多优势。

实现 ISDN，特别是 B-ISDN，需要综合运用多个学科的最新技术。这些学科包括计算机科学、光电子学和微电子学等。在这些学科中，光电子学扮演了关键角色，其涉及的技术包括激光源产生、光交换和光纤网络等。

光纤作为通信系统的传输媒介，对于 ISDN 的实现至关重要。与传统的无线和有线传输媒介相比，光纤具有多项显著优势。

光纤能够提供极高的传输速率，通常在数十到数百 Gbit/s 的范围内。这使得光纤能够支持高速的数据传输需求。

光纤的信号衰减非常低，能够在长距离传输中保持较高的信号质量。这一特性使得光纤在大规模网络中得到了广泛应用。

光纤不受电磁干扰的影响，因此其误码率非常低。这一优点使得光纤在高噪声环境中表现出色。

光纤具有很小的体积和质量，相比于传统的电缆，其安装和维护更加便捷。

为了说明光纤的宽带和高速特点，以下是一个数字估算的实例。典型的光缆直径约为 1 cm，通常包含几十根光纤，每根光纤的带宽在 GHz 级别。例如，假设光

130

缆包含 32 根光纤，每根光纤的带宽为 1 GHz，那么可以计算出

$$该光缆的总带宽 = 32 \times 1\,GHz = 32\,GHz$$

对于 64 kHz 的 PCM 数字电话线路，每条线路所需带宽为 64 kHz。该光缆能够传送的数字电话线路数量为

$$\frac{32 \times 10^9}{64 \times 10^3} = 500 \times 10^3$$

若每个普通电视频道的带宽约为 8 MHz，则该光缆可以传送的电视频道数量为 4 000 个。若高清晰度电视的信号带宽约为 150 MHz，则该光缆可以传送的高清晰度电视频道数量为 200 个以上。实际上，这只是一个保守的估算，光缆的实际容量可能会高出几个数量级。

目前，N–ISDN 在许多国家和地区已经投入商业使用，而 B–ISDN 的应用和推广还在持续发展中，尚待进一步成熟。

ISDN 技术是通信网络领域逐步发展而来的。ISDN 的出现旨在为用户提供高质量的语音、数据和图像传输服务，标志着向数字通信的转型。通过数字技术的引入，ISDN 能够实现更高的传输质量和更大的带宽利用效率，这为各种应用提供了便利。

以计算机网络为基础的互联网（Internet）也迅速普及起来。Internet 的快速发展得益于全球范围内计算机技术的进步和完善。借助多媒体技术，Internet 可以综合传送数据、语音和图像等多种信息。在一定程度上，Internet 实现了与 ISDN 相似的功能和应用场景，甚至在某些方面超越了传统的 ISDN，成为信息交换的新主流。

尽管成为 Internet 网络用户（上网）相对简单，但在传输信息的速度、服务的质量、服务范围的多样性、保密性和安全性等方面，Internet 仍面临诸多不足。这些问题使得 Internet 尚未完全满足用户对信息网络的期望。例如，虽然 Internet 能够传送大量的数据，但在高峰时段却常常出现速度下降和连接不稳定的现象。此外，网络安全问题频频曝光，用户的个人信息和数据安全未能得到有效保障。因此，目前的 Internet 仍不是一种令人满意的信息网络。

对于 ISDN 和 Internet 的发展前景，学术界存在不同的意见和评价，且争议难以统一。随着信息技术的不断发展与融合，ISDN 和 Internet 之间的界限可能会逐渐模糊。人们期待不同信息网络技术的相互渗透和紧密结合，能够全面推动信息网络技术的进一步发展。

人们普遍热切期望这条信息高速公路能够早日建设成功，以便实现信息的快速

流通和共享。

信息高速公路这一概念有时也被称为国家信息基础设施或全球信息基础设施。尽管目前对这一名词尚未形成准确统一的定义，但人们普遍认可实现信息高速公路的大致目标。这一目标包括通过光纤网络将各种通信系统、计算机数据库和电信服务设施连接起来，以实现语音、数据和图像等各种类型电信业务信息的高速传输。

为了实现这一宏伟蓝图，首先需要推动光纤到户的建设。这意味着光纤应当被铺设到每一条街道，并进一步与每一个用户终端相连。这项基础设施的建设将是信息高速公路成功的关键。

信息高速公路的构建旨在将各类机构——政府机构、企业、高校、研究机构、医院、图书馆及各种服务机构（如银行、邮局）——甚至是每个家庭——全部联网。这种连接将促成高速信息传输，使各类信息能够迅速、有效地在不同的节点间流动。

通过信息高速公路的建设，全世界将形成一种崭新的信息流通网络。这不仅将提升信息传递的速度，也将极大地便利人们的生活与工作。信息高速公路的建设将加快整个社会在经济、文化和教育等领域全面发展的进程，促进国家和地区间的协作与交流。这一转变标志着人类社会正在从农业社会和工业社会步入信息社会。信息社会的来临意味着人们在信息获取、处理和传递上的能力将大幅提升，将推动社会各个方面发生深刻变化，如教育的普及、知识的共享、经济的创新和文化的繁荣。

习　题

1. 周期信号 $f(t)=2+\cos 2t+3\sin 4t$ 的平均功率为（　　　）。

A. 4　　　　　　B. 9　　　　　　C. 6　　　　　　D. 12

2. 已知信号 $f(r)$ 的频带宽度为 Δw，则 $f(3t-2)$ 的频带宽度为（　　　）。

A. $3\Delta w$　　　　B. $\frac{1}{3}\Delta w$　　　　C. $\frac{1}{3}\Delta w-2$　　D. $\frac{1}{3}(\Delta w-2)$

3. 若 $f(t) \leftrightarrow F(f)$，则 $f\left(\frac{t}{2}-2\right) \leftrightarrow$ ＿＿＿。

4. 已知周期信号 $f(t)=3\cos t+\sin(2t+\dfrac{\pi}{2})-2\cos(4t-\dfrac{2\pi}{3})$，分别绘制该信号的三角形式的频谱图和复指数形式的频谱图。

5. 已知某因果线性时不变系统的频率响应特性 $H(\omega)=2[u(\omega+4)-u(\omega-4)]\,\mathrm{e}^{-2j\omega}$，当激励信号 $f(t)=1+0.5\cos 3t+0.2\sin\left(5t-\dfrac{\pi}{3}\right)$ 时，求响应 $y(t)$。

第5章 连续时间系统的复频域分析——拉普拉斯变换

在 19 世纪末期，英国工程师赫维赛德（Heaviside）作出了具有开创性的贡献，他提出了被称为运算法或算子法的理论，以应对当时电气工程计算中的若干基本挑战。赫维赛德通过运算法的引入，简化了复杂的电气工程问题，运算法在电路分析和信号处理方面展现了显著的优势。尽管赫维赛德的这些创新性工作得到了许多工程师的认可，且其有效性在实际应用中被证明了，但由于缺乏严密的数学证明，这一方法在数学界被质疑和争议。一些数学家认为赫维赛德的理论尚未得到充分的数学验证和支持，因而对其进行了谴责。虽然面临这些挑战，但是赫维赛德及其一些坚定的支持者，仍然坚信他的理论具有实用价值，并继续对该理论进行深入研究和探讨。他们在实践中逐渐积累了证据，支持赫维赛德理论的有效性和实用性。后来，人们在法国著名数学家拉普拉斯的著作中为该理论找到了数学依据，从而为该理论提供了坚实的数学基础，并正式将其命名为拉普拉斯变换。拉普拉斯变换不但为赫维赛德的理论提供了数学上的支持，而且随着时间的推移，其在电学、力学等多个工程与科学领域中得到了广泛的应用，尤其是在电路理论研究中，拉普拉斯变换几乎成了不可或缺的工具。它在电路分析、控制系统设计及信号处理等方面发挥了至关重要的作用，使得电路理论与拉普拉斯变换的讨论成了紧密相连的课题。拉普拉斯变换的成功应用标志着赫维赛德理论被彻底验证和普遍认可，也体现了数学理论与工程实践的紧密结合。

20 世纪 70 年代，计算机辅助设计（Computer-aided Design, CAD）技术的飞速发展极大地推动了电路分析领域的进步，特别是随着 CAD 程序的普及，电路分析问题的求解变得更加高效，这使得传统的拉普拉斯变换在电路分析中的应用逐渐减少。计算机技术的应用不仅提高了分析的速度和准确性，还引入了更多先进的算法，这些新技术在处理复杂电路问题时往往比传统的拉普拉斯变换更为有效和便捷。此外，随着对离散时间系统、非线性系统和时变系统的研究逐渐增多，拉普拉斯变换在这些领域中的适用性面临挑战。离散时间系统涉及的是离散信号和离散时间处理，而非线性系统的复杂性远超线性系统，时变系统则具有不断变化的特性。这些领域的问题有时超出了拉普拉斯变换的适用范围，因此，新的分析方法和工具逐渐被引入，以更好地解决这些复杂问题。尽管如此，拉普拉斯变换在许多方面仍然发挥着关键作用，特别是在建立系统函数及进行零点和极点分析时，拉普拉斯变换依旧是一个强有力的工具。在连续、线性、时不变系统的分析中，拉普拉斯变换能够有效地提供系统的频域信息，帮助工程师和研究人员理解和设计这些系统。因此，即使在现代技术的背景下，拉普拉斯变换仍然被广泛应用于许多传统的工程问题中。与此同时，与拉普拉斯变换类似的概念也被扩展到了离散时间系统中。例如，z 变换就是一种应用于离散信号处理的工具，它在处理离散时间系统时提供了类似于拉普拉斯变换的功能。这种变换方法允许人们分析离散信号的行为，并解决离散时间系统中的各种问题。因此，虽然新方法不断涌现，但拉普拉斯变换和其他类似的变换依然在现代工程与科学研究中占据着重要地位。

使用拉普拉斯变换的优势在于，它能够将线性时不变系统的时域模型转换为变换域中的代数方程，经过求解后再还原为时间函数。这种变换在许多工程和科学应用中具有重要的意义，因为它能将复杂的微分方程转化为代数方程，从而简化了计算过程，其主要优点如下。

（1）求解过程的简化。拉普拉斯变换的一个显著优点是它能够简化微分方程的求解过程。在处理常系数线性微分方程时，拉普拉斯变换将微分方程转化为代数方程，这大大简化了求解步骤。通过应用拉普拉斯变换，人们可以轻松地获得微分方程的特解和齐次解，并且初始条件被自动纳入变换结果中。这种简化不仅提高了计算效率，还减少了错误发生的可能性，特别是在处理复杂的工程问题时，拉普拉斯变换显得尤为重要，因为它可以快速得到解决方案，而不需要逐步解决微分方程的每一个细节问题。

（2）运算的转换。拉普拉斯变换能够将微分和积分操作转化为乘法和除法操作，这一特性使得积分方程和微分方程可以转化为代数方程。例如，微分运算在拉普拉斯变换下变成乘以 s（复频域变量），而积分运算则变成除以 s。这种变换类似于对数变换，其中乘法和除法被转化为加法和减法。虽然对数变换处理的是数值，而拉普拉斯变换处理的是函数，但两者在变换思路上具有一定的相似性。对数变换的好处，在于其能够将复杂的乘法和除法运算转换为更易处理的加法和减法运算，同样地，拉普拉斯变换通过简化积分和微分运算，使得处理函数的运算变得更加高效。

（3）复杂函数的处理。拉普拉斯变换还能够有效处理一些复杂的函数，包括指数函数、超越函数及含有不连续点的函数。传统的求解方法在面对这些函数时可能比较烦琐，特别是对于不连续点的非周期函数，计算复杂度较高。而拉普拉斯变换通过将这些复杂的函数转化为较简单的初等函数，使得问题的解决变得更加简便。这一特点使得拉普拉斯变换在处理实际工程问题时，能够快速且有效地得到结果，特别是在信号处理和控制系统设计中。

（4）卷积运算的简化。在时域中，两个函数的卷积运算通常比较复杂，但使用拉普拉斯变换后，这一运算在变换域中可以简化为两个函数的乘法运算。这一简化不仅提高了计算效率，还为建立系统函数的概念提供了便利。系统函数通过拉普拉斯变换的帮助，可以更容易地分析信号在经过线性系统传输后的表现。这种方法显著简化了卷积运算，并使得信号处理和系统分析变得更加高效。

（5）系统性能的分析。拉普拉斯变换还在系统性能分析方面发挥了重要作用。通过系统函数的零点和极点分布，人们可以直观地表达系统性能的各种规律。系统的时域和频域特性通常反映在系统函数的零点和极点上，这些特性提供了有关系统行为的关键信息。从系统分析的角度来看，对输入输出特性的描述往往集中于系统的外部特性，即零点和极点特性，而不是系统内部的具体结构和参数。这种分析方法不仅使系统的研究简化了，还使人们对系统性能的理解更加直观和清晰。

本章主要介绍连续时间系统的复频域分析——拉普拉斯变换，具体包括拉普拉斯变换的定义、收敛域，拉普拉斯变换的基本性质，拉普拉斯逆变换，用拉普拉斯变换法分析线性电路，连续时间系统的系统函数，连续时间系统的稳定性等六部分内容。

5.1　拉普拉斯变换的定义、收敛域

5.1.1　拉普拉斯变换的定义

当函数 $f(t)$ 满足狄利克雷条件时，便可构成一对傅里叶变换式：傅里叶正变换和傅里叶逆变换。

（1）傅里叶正变换：

$$F(\omega) = \int_{-\infty}^{+\infty} f(t)\mathrm{e}^{-jn\omega_1 t}\,\mathrm{d}t$$

（2）傅里叶逆变换：

$$f(t) = \frac{1}{2\pi}\int_{-\infty}^{+\infty} F(\omega)\mathrm{e}^{j\omega t}\,\mathrm{d}\omega$$

考虑到在实际问题中遇到的通常是因果信号，可以假设信号在 $t<0$ 的时间范围内为零。因此，信号的起始时刻可以设置为零。这样，傅里叶正变换式的积分下限可以为零，即

$$F(\omega) = \int_{0}^{+\infty} f(t)\mathrm{e}^{-j\omega t}\,\mathrm{d}t \qquad (5-1)$$

然而，$F(\omega)$ 仍包含 $-j\omega$ 和 $+j\omega$ 两部分分量，因此傅里叶逆变换式的积分限不改变。

从狄利克雷条件考虑，这些条件中绝对可积的要求限制了某些增长迅速的信号（如 e^{at}，其中 $a>0$）傅里叶变换的存在。对于阶跃信号和周期信号，虽然未受到此限制，但其傅里叶变换式中出现了冲激函数 $\delta(\omega)$。为了使更多的函数具有傅里叶变换，并简化某些变换形式或运算过程，引入一个衰减因子 $\mathrm{e}^{-\sigma t}$（其中 σ 为任意实数），使它与 $f(t)$ 相乘，这样 $\mathrm{e}^{-\sigma t} f(t)$ 得以收敛，满足绝对可积条件。按此原理，傅里叶变换可以写作

$$\mathcal{F}\left[\mathrm{e}^{-\sigma t} f(t)\right] = \int_{0}^{+\infty} \mathrm{e}^{-\sigma t} f(t)\mathrm{e}^{-j\omega t}\,\mathrm{d}t = \int_{0}^{+\infty} f(t)\mathrm{e}^{-(\sigma+j\omega)\,t}\,\mathrm{d}t \qquad (5-2)$$

衰减因子的引入使得傅里叶变换对更多的函数适用，并简化了变换过程。

将式（5-2）与傅里叶变换定义式相比，可得

$$\mathcal{F}\left[e^{-\sigma t} f(t)\right] = F(\sigma + j\omega)$$

其傅里叶逆变换为

$$f(t) e^{-\sigma t} = \frac{1}{2\pi} \int_{-\infty}^{+\infty} F(\sigma + j\omega) e^{j\omega t} d\omega$$

将上式两边乘以 $e^{\sigma t}$，可以得到

$$f(t) = \frac{1}{2\pi} \int_{-\infty}^{+\infty} F(\sigma + j\omega) e^{(\sigma + j\omega)t} d\omega \qquad （5-3）$$

令 $s = \sigma + j\omega$，则 $ds = jd\omega$，当 $\omega = \pm\infty$ 时，$s = \sigma \pm j\infty$，将其代入式（5-2）和式（5-3）中并且相应地调整积分上下限，可以得到

$$F(s) = \int_{0}^{+\infty} f(t) e^{-st} dt \qquad （5-4）$$

$$f(t) = \frac{1}{2\pi} \int_{\sigma-j\infty}^{\sigma+j\infty} F(s) e^{st} ds \qquad （5-5）$$

式（5-4）和式（5-5）是一对拉普拉斯变换，式（5-4）称为 $f(t)$ 的双边拉普拉斯变换，它是一个含有参量 s 的积分，把关于时间变量 t 的函数变换为关于变量 s 的函数 $F(s)$，称 $F(s)$ 为 $f(t)$ 的复频域函数或象函数；式（5-5）把复频域函数 $F(s)$ 变换为对应的时域函数 $f(t)$，这称为拉普拉斯逆变换，$f(t)$ 为 $F(s)$ 的原函数。

式（5-4）和式（5-5）可以表达为

$$\begin{aligned} \mathcal{L}[f(t)] &= F(s) = \int_{0}^{+\infty} f(t) e^{-st} dt \\ \mathcal{L}^{-1}[F(s)] &= f(t) = \frac{1}{2\pi} \int_{\sigma-j\infty}^{\sigma+j\infty} F(s) e^{st} ds \end{aligned} \qquad （5-6）$$

也可以用双箭头表示 $f(t)$ 和 $F(s)$ 为一对拉普拉斯变换，即

$$f(t) \leftrightarrow F(s)$$

拉普拉斯变换与傅里叶变换的主要区别在于，它们所处理的频域变量不同。

傅里叶变换将时域函数 $f(t)$ 转换为频域函数 $F(j\omega)$，其中时域变量 t 和频域变量 ω 都是实数。

拉普拉斯变换将时域函数 $f(t)$ 转换为复频域函数 $F(s)$，其中时域变量 t 是实数，而复频域变量 s 是复数。

也就是说，傅里叶变换建立了时域与频域之间的联系，而拉普拉斯变换建立了时域与复频域（s 域）之间的联系。

为适应实际工程中使用的信号通常有开始时刻，定义了单边拉普拉斯变换。单边拉普拉斯变换的积分区间是 $[0, +\infty)$，即

$$F(s) = \int_0^{+\infty} f(t) \mathrm{e}^{-st} \, \mathrm{d}t \qquad (5-7)$$

在理论研究与学习中，人们遇到的信号可能不仅仅是因果信号，还可能包括反因果信号、双边信号和时限信号等，如图 5-1 所示。

对于单边拉普拉斯变换，积分区间是 $[0, +\infty)$，信号在 $t < 0$ 的部分对单边拉普拉斯变换没有贡献。若信号在 $[0, +\infty)$ 区间内的形式相同，它们的拉普拉斯变换存在，则具有相同的变换结果。例如，如图 5-1（a）和图 5-1（c）所示的信号在 $t < 0$ 区间内的形式可能不同，但在 $[0, +\infty)$ 区间内的形式相同，因此它们的单边拉普拉斯变换结果相同，即 $F_1(s) = F_3(s)$。

对于如图 5-1（b）所示的反因果信号，在 $[0, +\infty)$ 区间内 $f_2(t) = 0$，因此 $F_2(s) = 0$。所以，对于反因果信号，单边拉普拉斯变换是无意义的，因为反因果信号在 $t \geqslant 0$ 区间内没有实际的贡献。

对于如图 5-1（d）所示的时限信号，其非零值区间为 $t \in [-1, 2]$。尽管信号在 $[-1，2]$ 区间内非零，但在单边拉普拉斯变换中，积分区间只能是 $[0, +\infty)$，因此对于该信号，单边拉普拉斯变换的计算应该只考虑 $t \in [0, 2]$ 区间，即

$$F_4(s) = \int_0^2 A\mathrm{e}^{-t} \, \mathrm{d}t \qquad (5-8)$$

因此，单边拉普拉斯变换仅适用于因果信号或在 $[0, +\infty)$ 区间内有定义的信号，对于其他类型的信号，需要考虑其他变换形式或积分区间。

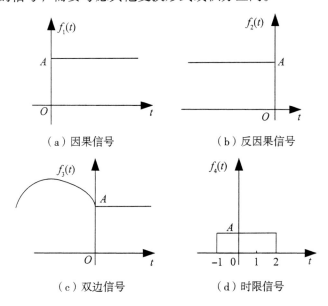

（a）因果信号　　　　　　　　　（b）反因果信号

（c）双边信号　　　　　　　　　（d）时限信号

图 5-1　几种信号的波形

若信号在 $t=0$ 处不包含冲激函数及其导数，则在求该信号的单边拉普拉斯变换时，积分下限写为"0_-"或"0_+"是一样的。在后续分析中可以看到，信号及其导数的初始值可以通过单边拉普拉斯变换引入 s 域中。单边拉普拉斯变换在分析具有初始条件的因果系统（由线性常系数微分方程描述的系统）中起着重要作用。本章主要讨论单边拉普拉斯变换，除非特别指出，本章后续的拉普拉斯变换均为单边拉普拉斯变换。

5.1.2 拉普拉斯变换的收敛域

当函数 $f(t)$ 乘衰减因子 $\mathrm{e}^{-\sigma t}$ 后，可能满足绝对可积条件。然而，是否一定满足，还要考虑 $f(t)$ 的性质与 σ 值的关系。例如，为使 $f(t)=\mathrm{e}^{at}$ 收敛，衰减因子 $\mathrm{e}^{-\sigma t}$ 中的 σ 必须满足 $\sigma>a$，否则，$\mathrm{e}^{-\sigma t}f(t)$ 在 $t\to+\infty$ 时仍不能收敛。

下面分析这一特性的一般规律。函数 $f(t)$ 乘因子 $\mathrm{e}^{-\sigma t}$ 后，取时间 $t\to+\infty$ 的极限，若当 $\sigma>\sigma_0$ 时，该极限等于零，则函数 $f(t)\mathrm{e}^{-\sigma t}$ 在 $\sigma>\sigma_0$ 的全部范围内是收敛的，其积分存在，可以进行拉普拉斯变换。这一关系可表示为

$$\lim_{t\to+\infty} f(t)\mathrm{e}^{-\sigma t}=0 \quad (\sigma>\sigma_0) \tag{5-9}$$

这一关系与函数 $f(t)$ 的性质有关，它指出了收敛条件。根据 σ_0 的数值，可以将 s 平面划分为两个区域，如图 5-2 所示。通过 σ_0 的垂直线是收敛域（Region of Convergence, ROC）的边界，称为收敛轴，σ_0 在 s 平面内称为收敛坐标。凡满足上述关系的函数称为指数阶函数。若指数阶函数具有发散特性，可借助指数函数的衰减来使其成为收敛函数。

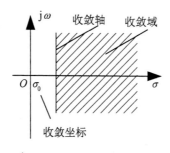

图 5-2 收敛域示例

凡是有始有终、能量有限的信号，如单个脉冲信号，其收敛坐标落于 $\sigma>0$ 区域内，全 s 平面都属于收敛域，即有界的非周期信号的拉普拉斯变换一定存在。

如果信号的幅度既不增长也不衰减而等于稳定值，那么其收敛坐标落在原点，

即 σ 右半平面属于收敛域。也就是说，任何周期信号只要稍加衰减就可收敛。

不难证明，

$$\lim_{t \to +\infty} t e^{-\sigma t} = 0 \quad (\sigma > \sigma_0)$$

任何随时间成正比增长的信号，其收敛坐标落于原点。同样地，

$$\lim_{t \to +\infty} t^n e^{-\sigma t} = 0 \quad (\sigma < \sigma_0)$$

对于与 t^n 成比例增长的函数，其收敛坐标也落在原点。

如果函数按指数规律 e^{at} 增长，前述内容表明，只有当 $a < \sigma_0$ 时才满足收敛条件。因此，收敛坐标为 $\sigma_0 = a$。

对于一些比指数阶函数增长得更快的函数，不能找到它们的收敛坐标，因此不能进行拉普拉斯变换。例如，e^t 或 $t e^{t^2}$（定义域为 $t \geq 0$）就不是指数阶函数。然而，如果把这种函数限定在有限时间范围内，仍然可以找到收敛坐标并进行拉普拉斯变换。

由于单边拉普拉斯变换的收敛域分析相对简单明确，通常在实际应用中，在求解函数的单边拉普拉斯变换时，往往不特别强调其收敛范围。这是因为在大多数实际问题中，单边拉普拉斯变换的收敛条件已被充分满足，而重点通常放在变换的应用和结果的解析上。虽然如此，对于理论研究或涉及特殊情况时，仍需关注收敛域的具体条件，以确保变换过程的严谨性和结果的准确性。

以上内容简要介绍了单边拉普拉斯变换的收敛域问题。相比之下，双边拉普拉斯变换的收敛域问题更为复杂，且其收敛条件受到更多的限制。这是因为双边拉普拉斯变换涉及的是整个时间轴上的积分，而不仅仅是正时间轴，因此需要考虑更为广泛的条件来确保积分的收敛性。然而，尽管双边拉普拉斯变换的收敛分析相对困难，但可以将这一复杂问题分解为两个类似单边拉普拉斯变换的问题来进行处理。具体来说，通过对双边拉普拉斯变换进行分解，可以将其分解为两个独立的单边拉普拉斯变换，从而简化计算和理解过程。这种方法利用了单边拉普拉斯变换相对简单的收敛条件，使得处理双边拉普拉斯变换时更加高效和直观。

在导出单边拉普拉斯变换式时，通常将傅里叶积分的下限取为 0，这样做的理由是在许多实际应用中，信号通常从 $t=0$ 开始，因此单边拉普拉斯变换的下限通常取为 0，以符合实际情况。单边拉普拉斯变换引入了 e^{-st} 作为衰减因子，使得在 $t \to +\infty$ 时积分能够收敛。如果积分下限从 $-\infty$ 开始，那么在 $t < 0$ 范围内，e^{-st} 将成为增长因子，不仅不能起到收敛作用，反而可能使积分发散。例如：

$$\lim_{t \to +\infty} te^{-\sigma t} = 0 \quad (\sigma > 0)$$

$$\lim_{t \to -\infty} te^{-\sigma t} = -\infty \quad (\sigma < 0)$$

所以积分 $\int_{-\infty}^{+\infty} te^{-\sigma t} dt$ 不收敛。

但是，也有一些函数，当 σ 选在一定范围内时，该积分公式存在一定的限制条件：

$$\int_{-\infty}^{+\infty} f(t) e^{-\sigma t} dt \qquad\qquad (5\text{-}10)$$

因此，按照式（5-10）求积分也可以得到函数 $f(t)$ 的一种变换，这就是双边拉普拉斯变换。双边拉普拉斯变换通过对整个时间轴上的信号进行积分，提供了一个更全面的变换视角。这种变换能够处理信号在整个时间范围内的行为，因而适用于更广泛的应用场景。与单边拉普拉斯变换不同，双边拉普拉斯变换考虑了信号在负时间轴上的部分，为了与单边拉普拉斯变换符号 $F(s)$ 相区别，双边拉普拉斯变换常用 $F_B(s)$ 表示。双边拉普拉斯变换也被称为广义傅里叶变换或指数变换，它将时域中的信号转换到复频域，从而可以更方便地分析信号的频率成分和系统的特性。由于双边拉普拉斯变换包括负时域的部分，因此其收敛性、分析方法与单边拉普拉斯变换有所不同。

综上可以对以下几种不同情况分别进行论述。

（1）当 $f(t)$ 是有限持续周期信号时，其本身满足绝对可积条件，因此其拉普拉斯变换是一定存在的，其收敛域是 s 全平面。

（2）如果 $f(t)$ 是一个右边信号，那么其拉普拉斯变换的收敛域 $\mathrm{Re}\{s\} = \sigma > \sigma_0$，$\sigma_0$ 为一实数，σ_0 称为左边界。

（3）如果 $f(t)$ 是一个左边信号，那么其拉普拉斯变化收敛域为 $\mathrm{Re}\{s\} = \sigma < \sigma_0$，$\sigma_0$ 为一实数，σ_0 称为右边界。

单边右边信号 $e^{-\alpha t}u(t)$ 与单边左边信号 $-e^{-\alpha t}u(-t)$ 的拉普拉斯变换是一样的，但其收敛域不一样。对应于右边信号，收敛域是一个左边界，$\mathrm{Re}\{s\} > -\alpha = \sigma_左$；对应于左边信号，收敛域是一个右边界，$\mathrm{Re}\{s\} < -\alpha = \sigma_右$。

对于任意一个象函数 $X(s)$，必须视其收敛域的范围才能确定其时域函数，对于不同的收敛域，其对应的时域函数是不一样的。

对于双边信号 $X(t)$ 的拉普拉斯变换，其 $X(s)$ 的收敛域为 $\sigma_左 < \mathrm{Re}\{s\} < \sigma_右$，$\sigma_左$ 和 $\sigma_右$ 都是实数，并且必须满足 $\sigma_左 < \sigma_右$。否则双边信号的拉普拉斯变换不存在。

5.2　拉普拉斯变换的基本性质

5.2.1　线性性质

由多个函数组合而成的函数的拉普拉斯变换等于各函数拉普拉斯变换的线性组合，即如果

$$f_1(t) \leftrightarrow F_1(s) \ \text{ROC} = R_1, \quad f_2(t) \leftrightarrow F_2(s) \ \text{ROC} = R_2$$

那么

$$\alpha f_1(t) + \beta f_2(t) \leftrightarrow \alpha F_1(s) + \beta F_2(s) \ \text{ROC} = R_1 \bigcap R_2 \qquad （5\text{--}11）$$

式中，α、β 为任意常数（实数或负数）；$R_1 \bigcap R_2$ 表示 R_1 与 R_2 的交集。

也可以记作 $\mathcal{L}\{\alpha f_1(t) + \beta f_2(t)\} = \alpha \mathcal{L}\{f_1(t)\} + \beta \mathcal{L}\{f_2(t)\}$。

证明：

$$
\begin{aligned}
\mathcal{L}\{\alpha f_1(t) + \beta f_2(t)\} &= \int_{0_-}^{+\infty} \left[\alpha f_1(t) + \beta f_2(t)\right] \mathrm{e}^{-st} \mathrm{d}t \\
&= \alpha \int_{0_-}^{+\infty} f_1(t) \mathrm{e}^{-st} \mathrm{d}t + \beta \int_{0_-}^{+\infty} f_2(t) \mathrm{e}^{-st} \mathrm{d}t \\
&= \alpha F_1(s) + \beta F_2(s)
\end{aligned}
$$

线性性质表明，如果一个信号可以表示为若干个基本信号的线性组合，那么该信号的拉普拉斯变换可以通过对每个基本信号的拉普拉斯变换进行线性组合得到。这一性质使得处理复杂信号变得更加简单，因为人们可以将复杂信号分解为较简单的基本信号进行处理。

假设一个信号 $f(t)$ 是由几个简单信号的叠加构成的，例如 $f(t) = 2\mathrm{e}^{-3t} + 5\cos(2t)$，可以分别计算这两个基本信号的拉普拉斯变换，然后加和以得到整体信号的拉普拉斯变换。对于 $f_1(t) = \mathrm{e}^{-3t}$，其拉普拉斯变换为 $\dfrac{1}{s+3}$。对于 $f_2(t) = \cos(2t)$，其拉普拉斯变换为 $\dfrac{s}{s^2+4}$。因此，整体信号 $f(t)$ 的拉普拉斯变换为 $\mathcal{L}\{f(t)\} = 2 \cdot \dfrac{1}{s+3} + 5 \cdot \dfrac{s}{s^2+4}$。

【例题 5.1】求双曲线正弦函数 $\sinh(at)$ 和双曲线余弦函数 $\cosh(at)$ 的拉普拉斯变换。

解：将双曲线正弦函数 $\sinh(at)$ 分解为两个指数函数的组合如下：

$$\sinh(at) = \frac{e^{at} - e^{-at}}{2}$$

分别计算两个指数函数的拉普拉斯变换，然后应用线性性质。

e^{at} 的拉普拉斯变换：$\mathcal{L}\{e^{at}\} = \dfrac{1}{s-a}$；

e^{-at} 的拉普拉斯变换：$\mathcal{L}\{e^{-at}\} = \dfrac{1}{s+a}$。

应用线性性质：

$$\mathcal{L}\{\sinh(at)\} = \frac{1}{2}\left(\mathcal{L}\{e^{at}\} - \mathcal{L}\{e^{-at}\} \right)$$

代入各自的拉普拉斯变换结果得到 $\mathcal{L}\{\sinh(at)\} = \dfrac{1}{2}\left(\dfrac{1}{s-a} - \dfrac{1}{s+a} \right)$。

同样将双曲线余弦函数 $\cosh(at)$ 分解为两个指数函数的组合：

$$\cosh(at) = \frac{e^{at} + e^{-at}}{2}$$

分别计算两个指数函数的拉普拉斯变换，然后应用线性性质。

e^{at} 的拉普拉斯变换：$\mathcal{L}\{e^{at}\} = \dfrac{1}{s-a}$；

e^{-at} 的拉普拉斯变换：$\mathcal{L}\{e^{-at}\} = \dfrac{1}{s+a}$。

应用线性性质得到 $\mathcal{L}\{\cosh(at)\} = \dfrac{1}{2}\left(\mathcal{L}\{e^{at}\} + \mathcal{L}\{e^{-at}\} \right)$。

代入各自的拉普拉斯变换结果得到 $\mathcal{L}\{\cosh(at)\} = \dfrac{1}{2}\left(\dfrac{1}{s-a} + \dfrac{1}{s+a} \right)$。

5.2.2　时移性质

如果 $f(t) \leftrightarrow F(s)$，那么 $f(t-t_0)u(t-t_0) \leftrightarrow F(s)e^{-st_0}$　（$t_0 > 0$）。

证明：

$$\mathcal{L}\{f(t-t_0)u(t-t_0)\} = \int_{0_-}^{+\infty} f(t-t_0)u(t-t_0)e^{-st}\mathrm{d}t$$
$$= \int_{t_0}^{+\infty} f(t-t_0)e^{-st}\mathrm{d}t$$

令 $\tau = t - t_0$，那么上式变为

$$\mathcal{L}\{f(t-t_0)u(t-t_0)\} = \int_0^{+\infty} f(\tau)e^{-s(t_0+\tau)}\mathrm{d}\tau$$
$$= e^{-st_0}\int_0^{+\infty} f(\tau)e^{-s\tau}\mathrm{d}\tau = e^{-st_0}F(s)$$

此性质说明时域波形延迟了 t_0，那么其拉普拉斯变换式为原拉普拉斯变换乘 e^{-st_0}，且其收敛域不变。此性质对单边、双边拉普拉斯变换都是适用的。

5.2.3　复频移性质

如果 $x(t) \leftrightarrow X(s)\ \text{ROC} = R$，那么 $e^{s_0 t} x(t) \leftrightarrow X(s - s_0)\ \text{ROC} = R + \text{Re}(s_0)$。

拉普拉斯变换的复频移性质说明，如果在 s 域中平移了 s_0，那么时域函数会乘 $e^{s_0 t}$。

例如，设 $F(s)$ 是函数 $f(t)$ 的拉普拉斯变换，即 $F(s) = \mathcal{L}\{f(t)\}$。如果将 s 替换为 $s - s_0$，那么 $\mathcal{L}\{f(t)e^{s_0 t}\}$ 的变换结果为 $F(s - s_0)$，即

$$\mathcal{L}\{f(t)e^{s_0 t}\} = F(s - s_0)$$

其收敛域会变为原收敛域平移 $\text{Re}\{s_0\}$。

如果 s_0 是一个复数 $s_0 = \sigma_0 + j\omega_0$，那么收敛域会平移 σ_0。

如果 s_0 仅为纯虚数（$s_0 = j\omega_0$），那么收敛域保持不变，相当于没有平移。

5.2.4　尺度变换性质

如果 $f(t) \leftrightarrow F(s)\ \text{ROC} = R$，那么 $\mathcal{L}\{f(at)\} = \dfrac{1}{|a|} F\left(\dfrac{s}{a}\right)\ \text{ROC} = aR$。

5.2.5　时域卷积性质

如果 $f_1(t) \leftrightarrow F_1(s)\ \text{ROC} = R_1$，$f_2(t) \leftrightarrow F_2(s)\ \text{ROC} = R_2$，那么 $f_1(t) * f_2(t) \leftrightarrow F_1(s) \cdot F_2(s)$ $\text{ROC} = R_1 \bigcap R_2$。

拉普拉斯变换的卷积性质说明，在时域中，两函数的卷积运算可以转变为 s 域中的乘法运算。这是一个在用拉普拉斯变换求解系统响应时，简便而重要的定理。具体地，设 $f(t)$ 和 $g(t)$ 是一对连续信号，它们的拉普拉斯变换分别为 $F(s)$ 和 $G(s)$。两者的时域卷积运算 $(f * g)(t)$，通过拉普拉斯变换可以变为 s 域中的乘积 $F(s) \cdot G(s)$，即

$$(f * g)(t) = \mathcal{L}^{-1}\{F(s) \cdot G(s)\} \tag{5-12}$$

同时，这里需要注意两个函数的拉普拉斯变换的收敛域的交集。当有零极点消除时，这个交集有可能会导致收敛域变大。

5.2.6 复频域卷积性质

如果 $F(s)$ 和 $G(s)$ 分别是 $f(t)$ 和 $g(t)$ 的拉普拉斯变换，那么

$$\mathcal{L}^{-1}\{F(s)G(s)\} = f(t) * g(t) \qquad (5\text{--}13)$$

即频域中的乘积对应于时域中的卷积。

5.2.7 时域微分性质

如果 $f(t) \leftrightarrow F(s)$ ROC = R ，那么 $\dfrac{\mathrm{d}x(t)}{\mathrm{d}t} \leftrightarrow sX(s)$ ROC = R 。

5.2.8 时域积分性质

如果 $f(t) \leftrightarrow F(s)$ ROC = R ，那么 $\displaystyle\int_{-\infty}^{t} x(\tau)\mathrm{d}\tau \leftrightarrow \dfrac{1}{s}X(s)$ ROC $= R \bigcap \{\mathrm{Re}\{s\} > 0\}$ 。

5.2.9 复频域微分性质

如果 $f(t) \leftrightarrow F(s)$ ROC = R ，那么 $-tx(t) \leftrightarrow \dfrac{\mathrm{d}X(s)}{\mathrm{d}s}$ ROC = R 。

复频域微分性质可以通过拉普拉斯变换的定义，对 s 进行微分来验证或推导。

5.2.10 初值定理

若在 $t < 0$ 时 $x(t) = 0$ ，并且在 $t = 0$ 时 $x(t)$ 不包含任何冲激函数，则可以直接从拉普拉斯变换计算 $x(0^+)$ 。此定理的数学描述为

$$x(0^+) = \lim_{s \to +\infty} sX(s) \qquad (5\text{--}14)$$

式中， $x(0^+)$ 是指从正值方向趋于零时的值，它始终是 $x(0^+)$ ，不可能是 $x(0^-)$ 。 $\lim\limits_{s \to +\infty} sX(s)$ 是用拉普拉斯变换计算初值的公式，其中 $X(s)$ 是 $x(t)$ 的拉普拉斯变换。

这个定理说明，在满足一定条件的情况下，可以通过计算拉普拉斯变换的极限来直接得到函数在 $t = 0$ 时的初值。

5.2.11 终值定理

如果 $f(t)$ 的拉普拉斯变换是 $F(s)$ ，且 $\lim\limits_{t \to +\infty} f(t)$ 存在，那么 $\lim\limits_{t \to +\infty} f(t) = \lim\limits_{s \to 0} sF(s)$ 。

5.3　拉普拉斯逆变换

拉普拉斯逆变换的计算方法有三种。

一是直接查表法，即根据常用的拉普拉斯变换表及其性质，直接求得拉普拉斯逆变换。对于一些简单的 s 域函数，可以直接使用这种方法。这种方法是计算拉普拉斯逆变换的一种常用且高效的方法。它的核心思想是利用拉普拉斯变换表中已经列出的函数及其对应的逆变换关系，直接求解时域函数。这种方法特别适用于处理那些在拉普拉斯变换表中已经列出的标准函数和变换，能够大大简化计算过程。在实际应用中，拉普拉斯变换表列出了大量常见函数的拉普拉斯变换对，例如常数函数、指数函数、正弦和余弦函数、单位阶跃函数及脉冲函数等。对于这些常见的函数，拉普拉斯变换表提供了其在 s 域的表示，以及时域的详细逆变换结果。当遇到某个函数的拉普拉斯变换已经在表中列出时，可以直接从表中查找该函数的时域表示，从而避免了复杂的计算过程。例如，计算某个函数 $X(s)$ 的拉普拉斯逆变换。如果 $X(s)$ 是表中某个已知函数的形式，比如一个简单的函数 $X(s) = \dfrac{1}{s-a}$，那么可以直接查找表中的对应关系，发现 $\dfrac{1}{s-a}$ 的拉普拉斯逆变换是 e^{at}。因此，逆变换后的时域函数就是 e^{at}，无须进行进一步的复杂推导。直接查表法的优点在于，其简单快捷，尤其是在处理标准的函数时，该方法可以迅速获得结果。然而，这种方法也有局限性。当面对非标准形式或较为复杂的 s 域函数时，直接查表法可能无法直接使用。这时，可能需要借助其他方法，如留数法或部分分式法，来进行更加深入的分析和计算。利用拉普拉斯变换表及其性质直接求是一种高效且实用的拉普拉斯逆变换计算工具，在工程和科学计算中广泛应用。这里不再进行赘述和运算分析。

二是留数法，也称为围线积分法。该方法根据拉普拉斯逆变换的定义公式来求，时间函数 $x(t)$ 可以通过一个复指数信号的加权积分来表示。积分路径是一个在 s 平面内平行于 jw 轴的直线。当 $X(s)$ 满足一定条件时，可以将这个积分变为围线积分，并利用复变函数中的留数定理来计算时域信号。这种方法适用于较复杂的

$X(s)$ 形式,尤其是当积分路径的选择和计算比较复杂时。

三是部分分式法,当 $X(s)$ 是一个有理分式时,$X(s)$ 可以表示为两个多项式之比。在这种情况下,可以用部分分式分解的方法将 $X(s)$ 分解为更简单的形式,然后进行逆变换。部分分式法将复杂的拉普拉斯变换函数分解成较简单的部分,有助于简化计算。

5.3.1 留数法

留数法适用于较复杂的 $X(s)$ 形式。它基于复变函数的留数定理,将拉普拉斯逆变换问题转化为围线积分的形式,从而能够利用复变函数中的工具进行求解。拉普拉斯逆变换公式为

$$x(t) = \frac{1}{2\pi j} \int_{\sigma-j\infty}^{\sigma+j\infty} X(s) e^{st} \, ds \qquad (5-15)$$

式(5-15)中,积分路径 $\sigma - j\infty$ 到 $\sigma + j\infty$ 是 s 平面上的一条闭合曲线。

为了利用留数法,首先需要选择适合的积分路径。常见的做法是选择一条平行于 $j\omega$ 轴的直线积分路径,这条路径通常在 s 平面上平行于虚轴的位置。选择这种路径的原因是,计算时的复平面上往往包含函数的极点,而这些极点对逆变换的结果有直接影响。

对于满足一定条件的 $X(s)$ [如 $X(s)$ 在 s 平面上的极点分布],可以通过将积分转换为围线积分来简化计算。具体而言,选择一条围绕极点的闭合路径,使得该积分可以利用留数定理进行计算。围线积分的形式为

$$x(t) = \frac{1}{2\pi j} \oint_C X(s) e^{st} \, ds \qquad (5-16)$$

式(5-16)中,C 是围绕所有极点的闭合路径。

根据留数定理,围线积分可以表示为围绕路径内极点的留数之和。具体来说,留数定理指出,如果 $X(s)$ 在某个点 s_k 处有一个极点,那么

$$\frac{1}{2\pi j} \oint_C X(s) e^{st} \, ds = \sum_k \text{Res}(X(s) e^{st}, \, s_k) \qquad (5-17)$$

式(5-17)中,$\text{Res}(X(s) e^{st}, \, s_k)$ 表示在极点 s_k 处的留数。

留数是函数在极点处的特定系数,对于简单极点(如一阶极点),可以用以下公式计算留数。

$$\text{Res}(X(s), \, s_k) = \lim_{s \to s_k} (s - s_k) X(s) \qquad (5-18)$$

对于更复杂的情况，如高阶极点，留数的计算可能需要更复杂的操作，但基本思路是提取函数在极点处的特征系数。

留数法特别适合处理那些在拉普拉斯变换表中没有列出的复杂函数，或者函数形式不方便直接查表的情况。例如，处理有多个极点的函数，或者函数形式涉及复杂的分式表达时，留数法提供了一种系统化的求解方案。在控制理论和信号处理等领域，常常需要分析系统对复杂输入信号的响应。利用留数法，可以有效计算系统响应的时域表现，特别是在处理高阶系统或复杂网络时。

5.3.2　部分分式法

部分分式法适用于处理有理分式形式的 $X(s)$。当拉普拉斯变换 $X(s)$ 是两个多项式之比时，部分分式法可以将其分解为更简单的形式，从而简化逆变换的计算。

当 $X(s)$ 为有理分式时，它可以表示为两个多项式之比：

$$X(s) = \frac{N(s)}{D(s)} \tag{5-19}$$

式（5-19）中，分子多项式 $N(s)$ 和分母多项式 $D(s)$ 的形式分别为

$$N(s) = b_m s^m + b_{m-1} s^{m-1} + \cdots + b_1 s + b_0 \tag{5-20}$$

$$D(s) = a_n s^n + a_{n-1} s^{n-1} + \cdots + a_1 s + a_0 \tag{5-21}$$

式（5-20）和式（5-21）中，a_1 和 b_1 都是实数；m 和 n 都是正整数。当 $m \geq n$ 时，式（5-19）为假分式，需要用长除法将其转化为一个 s 的多项式与真分式之和。一般情况下，当 $m < n$ 时，$X(s)$ 为真分式，下面仅讨论 $m < n$ 的情况。

在 $X(s)$ 中，满足分子多项式 $N(s) = 0$ 的点为零点，满足分母多项式 $D(s) = 0$ 的点为极点 $s = p_i$。下面将用代数的方法将 $X(s)$ 展开成低阶项的线性组合，其中的每一个低阶项可以通过拉普拉斯变换的性质或直接查表来获得。下面以极点的不同情况来求解拉普拉斯逆变换。

（1）当 $X(s)$ 的分母多项式 $D(s)$ 有 n 个互异的实根时，$X(s)$ 可以表示为

$$X(s) = \frac{N(s)}{D(s)} = \frac{b_m s^m + b_{m-1} s^{m-1} + \cdots + b_1 s + b_0}{a_n (s - p_1)(s - p_2) \cdots (s - p_n)}$$

其中，$N(s)$ 和 $D(s)$ 的具体形式为

$$N(s) = b_m s^m + b_{m-1} s^{m-1} + \cdots + b_1 s + b_0$$

$$D(s) = a_n (s - p_1)(s - p_2) \cdots (s - p_n)$$

因此可以将 $X(s)$ 分解为部分分式的形式，即

$$X(s) = \frac{C_1}{s-p_1} + \frac{C_2}{s-p_2} + \cdots + \frac{C_n}{s-p_n}$$

式中，各系数 C_i 可以通过以下公式计算。

$$C_i = X(s) \cdot \frac{1}{s-p_i} \Big|_{s=p_i} \tag{5-22}$$

计算 C_i 后，经过查表，可以很容易地求得逆变换 $x(t)$。

（2）当分母多项式 $D(s)$ 有重根时，$X(s)$ 可以表示为部分分式的形式，其中每个重根的部分分式需要考虑其重数。假设分母多项式 $D(s)$ 具有重根 p_i，则可以将 $X(s)$ 分解为

$$X(s) = \frac{N(s)}{D(s)} = \frac{N(s)}{(s-p_1)^{k_1}(s-p_2)^{k_2}\cdots(s-p_n)^{k_n}} \tag{5-23}$$

式中，$D(s) = (s-p_1)^{k_1}(s-p_2)^{k_2}\cdots(s-p_n)^{k_n}$ 包含重根 p_i 的重数 k_i。

对于每个重根 p_i，部分分式的形式为

$$\frac{C_{i,1}}{(s-p_i)} + \frac{C_{i,2}}{(s-p_i)^2} + \cdots + \frac{C_{i,k_i}}{(s-p_i)^{k_i}}$$

式中，各系数 $C_{i,j}$ 的计算方式如下。

计算 $C_{i,1}$：

$$C_{i,1} = \frac{1}{(s-p_i)^{k_i-1}} X(s) \Big|_{s=p_i}$$

计算 $C_{i,2}$：

$$C_{i,2} = \frac{1}{(s-p_i)^{k_i-2}} \frac{\mathrm{d}}{\mathrm{d}s} \left[(s-p_i)^{k_i-1} X(s) \right] \Big|_{s=p_i}$$

一般情况下，计算 $C_{i,j}$：

$$C_{i,j} = \frac{1}{(s-p_i)^{k_i-j}} \frac{\mathrm{d}^{j-1}}{\mathrm{d}s^{j-1}} \left[(s-p_i)^{k_i-j+1} X(s) \right] \Big|_{s=p_i}$$

式中，$\frac{\mathrm{d}^{j-1}}{\mathrm{d}s^{j-1}}$ 表示对 $(s-p_i)^{k_i-j+1} X(s)$ 进行 $j-1$ 次导数运算。

经过计算各系数 $C_{i,j}$，就可以将 $X(s)$ 展开成部分分式的和，然后利用查表或拉普拉斯变换的性质，求得逆变换 $x(t)$。

（3）当分母多项式 $D(s)$ 含有共轭极点时，这些共轭极点必然成对出现。一种方法是将这些共轭复根视为两个不同的单根来处理，虽然这种方法比处理两个不同

的单根要复杂一些，但基本方法是一样的。另一种方法是保留 $X(s)$ 的分母多项式 $D(s)$ 的二次项形式，并将其表示为相应的余弦和正弦的拉普拉斯变换形式，然后对 $X(s)$ 的每一项逐项进行逆变换。

例如，设 $D(s)$ 包含复共轭极点 $p_1 = \alpha + \mathrm{j}\beta$ 和 $p_2 = \alpha - \mathrm{j}\beta$，则 $D(s)$ 中的这些极点可以组合成一个二次多项式

$$D(s) = (s - p_1)(s - p_2) = [(s - \alpha) - \mathrm{j}\beta][(s - \alpha) + \mathrm{j}\beta] = (s - \alpha)^2 + \beta^2 \qquad (5\text{-}24)$$

在这种情况下，$X(s)$ 可以表示为

$$X(s) = \frac{N(s)}{(s - \alpha)^2 + \beta^2} \qquad (5\text{-}25)$$

利用拉普拉斯变换表中的结果，可以将分母中的二次项转换为余弦和正弦函数的拉普拉斯变换形式，从而简化逆变换过程。具体地，可以利用以下公式进行拉普拉斯逆变换。

$$\mathcal{L}^{-1}\left\{\frac{1}{(s - \alpha)^2 + \beta^2}\right\} = \mathrm{e}^{\alpha t}\frac{\sin(\beta t)}{\beta} \qquad (5\text{-}26)$$

$$\mathcal{L}^{-1}\left\{\frac{s - \alpha}{(s - \alpha)^2 + \beta^2}\right\} = \mathrm{e}^{\alpha t}\cos(\beta t)$$

这样，通过将 $X(s)$ 分解成可以查表的形式，就可以很容易地求得 $x(t)$。

5.4　用拉普拉斯变换法分析线性电路

线性电路的复频域分析是一种强大的工具，它允许人们使用拉普拉斯变换来分析电路的行为。

使用拉普拉斯变换对线性电路进行分析可以根据基尔霍夫（Kirchhoff）电压和电流定律建立电路的微分方程。这些方程描述了电路中电压和电流随时间的变化。将电路的微分方程应用拉普拉斯变换。拉普拉斯变换可以将时域信号转换为复频域（s 域）的表达式。

将变换后的方程重新排列，求解电路元件的复频域表达式。这通常涉及代数操作，如合并同类项、简化表达式等。

查找拉普拉斯变换表，找到标准函数及其对应的拉普拉斯变换对。例如，对于 $f(t) = \mathrm{e}^{-at}$，其拉普拉斯变换为 $F(s) = \dfrac{1}{s+a}$。

对于较复杂的拉普拉斯变换，需要使用部分分式展开法将其分解为更简单的项的和。这有助于更容易地找到拉普拉斯逆变换。

例如，如果有一个复频域函数 $F(s) = \dfrac{As^2 + Bs + C}{(s+a)(s+b)}$，可以使用部分分式展开为

$$F(s) = \frac{A_1}{s+a} + \frac{A_2}{s+b} \tag{5-27}$$

式中，A_1 和 A_2 是待定系数，可以通过比较系数来求解。

一旦得到了简化后的复频域表达式，下一步是应用拉普拉斯逆变换来找到时域中的解。拉普拉斯逆变换是拉普拉斯变换的逆过程，可以将复频域函数转换成时域函数。最后，解释拉普拉斯逆变换的结果，这可能包括瞬态分量和稳态分量。瞬态分量通常随时间衰减，而稳态分量是电路的长期行为。

假设有一个简单的 RC 电路，其微分方程为

$$L\frac{\mathrm{d}I(t)}{\mathrm{d}t} + RI(t) = V(t) \tag{5-28}$$

式中，$I(t)$ 是电流；$V(t)$ 是电压；L 是电感；R 是电阻。

应用拉普拉斯变换，可以得到

$$LsI(s) + RI(s) = \frac{V(t)}{0!}$$

假设初始电流为零，$V(t)$ 是单位阶跃函数，则有

$$I(s) = \frac{1}{Ls^2 + Rs}$$

使用拉普拉斯变换表和部分分式展开法，可以找到 $I(s)$ 的逆变换，从而得到 $I(t)$ 的表达式。

通过上述步骤，可以分析线性电路在复频域中的行为，并找到其在时域中的响应。

5.5　连续时间系统的系统函数

一个连续时间线性时不变系统的系统函数定义为系统的零状态响应的拉普拉斯变换与激励的拉普拉斯变换之比，它等于该系统单位冲激响应的拉普拉斯变换。已知系统的零状态响应 $y(t)$ 等于系统的单位冲激响应 $h(t)$ 与激励 $x(t)$ 的卷积，即

$$y(t) = x(t) * h(t)$$

对上述卷积关系两边进行拉普拉斯变换，得到

$$Y(s) = X(s) \cdot H(s)$$

因此，

$$H(s) = \frac{Y(s)}{X(s)} = \mathcal{L}\{h(t)\} \tag{5-29}$$

也就是说，$H(s)$ 为 $Y(s)$ 与 $X(s)$ 之比，即系统单位冲激响应 $h(t)$ 的拉普拉斯变换。单位冲激响应 $h(t)$ 是输入为 $\delta(t)$ 时的零状态响应，它反映了系统的固有性质，而 $H(s)$ 从复频域的角度反映了系统的固有性质，与外界的输入无关。因此，当谈及系统的性质时，必须考虑 $H(s)$，它是系统特性的完全描述。

$H(s)$ 的主要特征是由其零极点及收敛域决定的。接下来，将分别介绍 $H(s)$ 的零极点分布与系统的因果性、稳定性及其与 $h(t)$ 波形的对应关系。

5.5.1　$H(s)$ 的零极点分布与系统的因果性、稳定性

常用信号的拉普拉斯变换是 s 的有理函数，即 s 的多项式之比，如式（5–30）所示。

$$H(s) = \frac{N(s)}{D(s)} = \frac{b_m s^m + b_{m-1} s^{m-1} + \cdots + b_1 s + b_0}{a_n s^n + a_{n-1} s^{n-1} + \cdots + a_1 s + a_0} \tag{5-30}$$

把式（5–30）的分子、分母进行因式分解得到

$$H(s) = \frac{A \prod_{i=1}^{m} (s - z_i)}{\prod_{i=1}^{n} (s - p_i)} \tag{5-31}$$

式（5-31）中，A 为常数；z_i 和 p_i 分别为系统函数 $H(s)$ 的零点和极点。所谓零点是使分子多项式为零的点；而所谓极点是使分母多项式为零的点，系统的极点又称为系统的固有频率或自然频率。设 $D(s) = 0$ 的根都是互异的，则式（5-31）可以用部分分式法展开成以下形式。

$$H(s) = \frac{A_1}{s - p_1} + \frac{A_2}{s - p_2} + \cdots + \frac{A_n}{s - p_n}$$

经过逆变换后可以得到

$$h(t) = A_1 e^{p_1 t} + A_2 e^{p_2 t} + \cdots + A_n e^{p_n t} + \cdots$$

因此，对 $H(s)$ 进行拉普拉斯逆变换可以很容易求得 $h(t)$。

对于一个因果的线性时不变系统，单位冲激响应 $h(t)$ 应该是右侧的，即 $h(t) = 0$（$t < 0$）。因此，$H(s)$ 的收敛域应在最右边极点的右侧。如果系统是非因果的，那么系统的单位冲激响应 $h(t)$ 应该是左侧的，系统函数 $H(s)$ 的收敛域应在最左边极点的左侧。以上收敛域可以在 s 平面上绘制出其范围。

$H(s)$ 的极点分布及其收敛域与系统的稳定性相关。稳定系统的单位冲激响应 $h(t)$ 是绝对可积的，即

$$\int_{-\infty}^{+\infty} |h(t)| \, \mathrm{d}t < +\infty \tag{5-32}$$

这也是 $h(t)$ 的傅里叶变换 $H(\omega)$ 存在的条件之一。为此，若系统稳定，必须要求系统的单位冲激响应 $h(t)$ 的傅里叶变换 $H(\omega)$ 存在，而 $H(\omega)$ 就是 $H(s)$ 在 $s = \mathrm{j}\omega$ 时的情况。因此，$H(s)$ 的收敛域必须包含虚轴。当系统既因果又稳定时，要求 $H(s)$ 的极点在 s 域的左半平面，即 $H(s)$ 的收敛域在最右边的极点右侧，其收敛域必然包含虚轴。

5.5.2　$H(s)$ 的零极点分布与 $h(t)$ 波形的对应关系

$H(s)$ 的零极点分别是使 $H(s)$ 分子和分母多项式为零的点。如果分子和分母多项式具有多重根，那么这些零点和极点可能是多阶的。例如：

$$H(s) = \frac{s\left[(s-1)^2 + 1\right]}{(s+1)^2 (s^2 + 4)} \tag{5-33}$$

在这个例子中，$H(s)$ 的零点和极点的阶数反映了系统的动态特性。

此系统函数含有的零点和极点如下。

（1）零点：

$$s_1 = 0 \quad (\text{一阶})$$
$$s_2 = 1 + j \quad (\text{一阶})$$
$$s_3 = 1 - j \quad (\text{一阶})$$

（2）极点：

$$p_1 = -1 \quad (\text{二阶})$$
$$p_2 = 2j \quad (\text{一阶})$$
$$p_3 = -2j \quad (\text{一阶})$$

由拉普拉斯逆变换的定义可知，$H(s)$ 的拉普拉斯逆变换即为 $h(t)$，而 $h(t)$ 的形式主要由 $H(s)$ 的极点决定。$H(s)$ 的零点不影响 $h(t)$ 的形式，只影响 $h(t)$ 的幅值和初相位。因此，这些零点和极点的分布直接影响系统的单位冲激响应 $h(t)$ 的波形。因此，通过分析 $H(s)$ 的零极点分布，可以得到 $h(t)$ 的波形特征。

5.6　连续时间系统的稳定性

5.6.1　稳定性

系统的稳定性在信号处理和系统分析中扮演着至关重要的角色。稳定性决定了一个系统在面对输入信号时的行为及其对扰动的响应。如果系统存在不稳定因素，就可能出现自激振荡或不受控制的输出，进而导致系统无法正常运行。了解并掌握系统稳定性的基本概念及其判断方法，对于设计和分析系统至关重要。

系统的稳定性有多种定义形式，主要取决于系统的性质和具体应用。系统稳定性通常是指系统在受到激励或扰动后，能够如何返回平衡状态或如何保持其响应在一定的范围内。

稳定系统的充分必要条件是

$$\int_{-\infty}^{+\infty} |h(t)| \, \mathrm{d}t \leqslant M \tag{5-34}$$

式（5-34）中，M 为有界的正值。系统的单位冲激响应 $h(t)$ 必须是绝对可积的，这样系统才是稳定的。

上述对系统稳定性的分析是基于时域的，尚未涉及系统的因果性。因此，无论是因果系统还是非因果系统，只要满足上述条件，即为稳定的。

对于因果系统，式子可以改写为

$$\int_0^{+\infty} |h(t)| \, dt \leq M$$

对于因果系统，从稳定性角度来看，可以分为三种情况：稳定、临界稳定和不稳定。

1. 稳定系统

稳定系统是指在激励去除后，系统的响应会随时间增长逐渐衰减并最终趋近于零。这意味着系统能够有效地处理输入信号，并在外部扰动消失后恢复到稳态。例如，在一个控制系统中，如果系统的输出响应随着时间的推移逐渐减小，最终返回到零点，这表明系统具有良好的稳定性。稳定系统通常需要满足一定的条件，如其极点必须位于复平面的左半边，这保证了系统响应的指数衰减。

如果 $H(s)$ 的全部极点都位于 s 平面左半部分（不包括虚轴），那么系统是稳定的。也就是说，系统的单位冲激响应 $h(t)$ 满足条件：

$$\lim_{t \to +\infty} h(t) = 0$$

这意味着系统的响应在时间趋向于无穷大时会逐渐衰减到零，从而系统是稳定的。

2. 临界稳定系统

临界稳定系统是指在激励去除后，系统的响应保持在一定的界限之内，虽然它不会逐渐衰减到零，但也不会无限增长。这样的系统可能会在一定的范围内进行等幅振荡，或者使响应保持在一个固定的常数值。这种系统在实际应用中虽然能够维持一定的响应范围，但对于某些应用场合，可能仍然需要进一步调整或优化。临界稳定系统的极点通常位于虚轴上，或者系统的零点和极点的分布使得系统响应不增长也不衰减。

如果 $H(s)$ 的极点位于 s 平面的虚轴上，并且这些极点都是一阶的，那么在长时间之后，单位冲激响应 $h(t)$ 会趋于一个非零的数值，或者系统形成等幅振荡。这种系统通常被称为临界稳定系统。尽管此系统在理论上是临界稳定的，但在实际应用中通常也被归为不稳定系统，因为其响应可能会在实际操作中导致系统无法正常工作。

3. 不稳定系统

不稳定系统指的是在激励去除后，系统的响应会随时间增长而不断增大。这种系统的响应往往会出现自激振荡或逐渐失控的现象。对于不稳定系统，其极点通常位于复平面的右半边，这会导致系统响应呈指数增长，从而导致系统无法正常运行。例如，在一个电子放大器中，系统的增益过高会导致响应持续增长，这将导致系统的失控或饱和现象。此类系统通常需要重新设计以保证稳定性。

如果 $H(s)$ 的极点位于 s 平面的右半部分，或者在虚轴上，$H(s)$ 具有二阶以上的极点，那么系统在经过足够长时间后，单位冲激响应 $h(t)$ 会继续增长，从而系统是不稳定的。此类系统的响应会随着时间的推移无限增长，表明系统无法维持稳定。

5.6.2 稳定性的判别方法

1. 简单检查法

系统传递函数 $H(s)$ 的分母多项式 $D(s) = a_0 + a_1 s + \cdots + a_n s^n$ 的所有根位于左半平面的必要条件：所有系数都必须是非零的实数且同号，即多项式的所有系数从最高幂次到最低幂次都无缺项且具有相同的符号。这个条件仅是必要条件，而不是充分条件。

2. R–H 准则

劳斯－霍尔维茨（Routh-Hurwitz，R–H）准则可以精确地求出 $D(s) = 0$ 的根位于右半平面的数量，而不需要计算出实际的根。R–H 准则的形式很多，且其证明过程相当复杂。R–H 准则的核心思想是通过构造劳斯表来分析多项式的根的分布情况，具体可按照如下过程进行判别。

根据给定的多项式，构造劳斯表。劳斯表是一个数学工具，用于分析多项式的根。表的第一行是多项式首项系数的绝对值，随后的行通过特定的规则计算得出。

按照 R–H 准则的规则填充劳斯表，这些规则包括使用相邻行的元素来计算下一行的元素。如果在某一步计算中出现分母为 0，那么需要采取特定的处理方法，例如将多项式乘一个适当的因子以避免除以零的情况。

如果遇到全零行，意味着系统不稳定，因为偶次多项式关于原点对称，必有一根在右半平面。

通过观察劳斯表第一列的符号变化来判断系统的稳定性。如果在劳斯表的构建过程中第一列元素的符号有变化，那么多项式有右半平面的根，系统不稳定。如果第一列元素的符号没有变化，那么所有根都在左半平面，系统稳定。

R-H 准则的证明涉及复变函数中的辐角原理，利用这个原理可以转化问题并证明 R-H 准则的正确性。在证明中会构造一些辅助多项式，并利用这些多项式在虚轴上的零点分布情况来分析原多项式的根。

习　题

1. 下列说法不正确的是（　　　）。

A. 极点是位于原点的一阶极点，此时其对应的 $h(t)$ 为阶跃函数

B. 极点是位于虚轴上的共轭极点，此时其对应的 $h(t)$ 为增幅振荡

C. 极点位于 s 左半平面。若极点位于负实轴上，其对应的 $h(t)$ 为指数衰减信号；若极点是 s 左半平面的共轭极点，其对应的 $h(t)$ 为衰减振荡

D. 极点位于 s 右半平面。若极点位于正实轴上，其对应的 $h(t)$ 为指数增长信号；若极点是 s 右半平面的共轭极点，其对应的 $h(t)$ 为增幅振荡

2. 下列因果系统的 $H(s)$ 可能稳定的是（　　　）。

A. $H(s)=\dfrac{2}{s^3-5s^2+6s+1}$ 　　　　　B. $H(s)=\dfrac{2}{s^3+5s^2+6s}$

C. $H(s)=\dfrac{2}{s^3-5s^2-6s+1}$ 　　　　　D. $H(s)=\dfrac{2}{s^3+5s^2+6s+1}$

3. 连续周期信号的频谱具有的特点是（　　　）。

A. 连续性、周期性　　　　　　　B. 连续性、谐波性、周期性

C. 离散性、周期性　　　　　　　D. 离散性、收敛性、谐波性

4. 单边拉普拉斯变换 $F(s)=\dfrac{2s+1}{(s^2)}e^{-2s}$ 的原函数等于（　　　）。

A. $tu(t)$ 　　　B. $tu(t-2)$ 　　　C. $(t-2)u(t)$ 　　　D. $(1-2)u(1-2)$

5. 已知某连续时间系统的系统函数为 $H(s)=\dfrac{1}{s+2}$，该系统属于（　　　）。

A. 低通类型　　　　B. 高通类型　　　　C. 带通类型　　　　D. 带阻类型

6. 信号 $f(t)$ 的拉普拉斯变换为 $F(s)=\dfrac{2s^2+s+1}{(s+2)(s+1)}$，则 $f(t)$ 的初值等于_____，终

值等于_____。

7. 已知某因果连续线性时不变系统 $F(s) = \dfrac{s}{s - 2(k-1)}$，若此系统稳定，则 k 需满足的条件为_____。

8. 某线性时不变连续时间系统的微分方程

$$y''(t) + 3y'(t) + 2y(t) = 2f'(t) + 6f(t)$$

已知输入 $f(t) = u(t)$，初始状态 $y(0) = 2$，$y'(0) = 1$。求系统的零输入响应、零状态响应和全响应。

第 6 章　z 变换、离散时间系统的 z 域分析

与拉普拉斯变换相对应，z 变换主要讨论离散时间序列的变换，它是一种分析和表征线性时不变离散时间系统的非常重要的数学工具。拉普拉斯变换用于连续时间系统的分析，将连续信号转换到复频域，以帮助人们理解系统的频率特性和稳定性。而 z 变换则在离散时间系统中发挥类似的作用，将离散时间序列映射到复平面上，提供了对离散信号和系统的频率分析手段。z 变换的引入和性质与拉普拉斯变换有许多相似之处。例如，两者都涉及复频域的变换，都可以用来解决线性系统的分析问题。然而，它们之间也存在一些重要的差异。首先，拉普拉斯变换处理的是连续信号，而 z 变换处理的是离散信号。其次，拉普拉斯变换的复平面是由实部和虚部组成的，而 z 变换的复平面则是离散时间序列在复数平面上的表现。最后，拉普拉斯变换和 z 变换在收敛域的定义上也有所不同，前者依赖于复平面中的区域，而后者则关注 z 平面上的圆形区域。

因此，在学习和应用 z 变换时，必须认真理解其与拉普拉斯变换的异同。掌握 z 变换的基本原理和分析方法，能够帮助人们有效地分析和设计离散时间系统。z 变换的定义、典型序列的 z 变换、收敛域、性质、逆 z 变换等内容是必要的基础。本章将系统地讨论 z 变换的定义并探讨 z 变换的收敛域，以明确哪些区域内变换结果是有效的。此外，还需要深入了解 z 变换的性质。在此基础上，还将讨论如何利用 z 变换解差分方程，分析离散时间系统的系统函数，并研究其在实际应用中的作用。

本章主要介绍 z 变换、离散时间系统的 z 域分析，具体包括 z 变换定义、典型序列的 z 变换，z 变换的收敛域，逆 z 变换，z 变换的基本性质，利用 z 变换解差分方程，离散时间系统的系统函数等六部分内容。

6.1　z 变换定义、典型序列的 z 变换

6.1.1　z 变换定义

序列 $x[n]$ 的 z 变换 $X(z)$ 定义为

$$X(z) = \sum_{n=-\infty}^{+\infty} x[n]z^{-n} \qquad （6-1）$$

式（6-1）中，z 是一个复变量。序列 $x[n]$ 的 z 变换有时记作 $Z\{x[n]\}$，则

$$Z\{x[n]\} = X(z) \qquad （6-2）$$

式（6-1）定义的 z 变换称为双边 z 变换，而单边 z 变换的定义为

$$X(z) = \sum_{n=0}^{+\infty} x[n]z^{-n} \qquad （6-3）$$

显然，对于因果信号 $x[n]$，由于 $n<0$ 时 $x[n]=0$，单边和双边 z 变换相等，否则不相等。两者的许多基本性质并不完全相同。

那么，z 变换与离散时间傅里叶变换有何关系呢？将复变量 z 写成极坐标的形式：

$$z = re^{j\Omega} \qquad （6-4）$$

式（6-4）中，r 表示 z 的模；Ω 表示 z 的相位。将式（6-4）代入式（6-1），可以得到

$$X(re^{j\Omega}) = \sum_{n=-\infty}^{+\infty} x[n](re^{j\Omega})^{-n} = \sum_{n=-\infty}^{+\infty} x[n]r^{-n}e^{-j\Omega n} \qquad （6-5）$$

从式（6-5）中可以看出，$x[n]$ 的 z 变换就是序列 $x[n]$ 乘实指数序列后的离散时间傅里叶变换，即

$$X(re^{j\Omega}) = \mathcal{F}\{x[n] \cdot r^{-n}\} \qquad （6-6）$$

这表明 z 变换在 z 的模 r 固定时，等于离散时间傅里叶变换在对应频率 Ω 下的结果。

序列 $x[n]r^n$ 必须满足绝对可和的条件，式（6-6）才能够成立。指数加权因子 r^n

可以随 n 衰减或递增，这取决于 r 大于 1 还是小于 1。当 $z = e^{j\Omega}$ 且 $|z| = 1$ 时，序列的 z 变换等于其离散时间傅里叶变换，即

$$X(z)\big|_{z=e^{j\Omega}} = \mathcal{F}\{x[n]\} = X(e^{j\Omega}) \tag{6-7}$$

因此，离散时间傅里叶变换仅是 z 变换的一个特例，即在复数 z 平面中，半径为 1 的圆上的 z 变换，这个圆称为单位圆。当 z 变量从单位圆推广到整个 z 平面时，离散序列 $x[n]$ 的变换从离散时间傅里叶变换扩展到 z 变换，这是 z 变换引入的第一个途径。

z 变换引入的第二个途径是 z 变换是离散时间序列的拉普拉斯变换。这里引入 z 与 s 之间的关系式 $z = e^{sT}$，式中，T 为连续信号经采样变成离散序列时的采样周期。这里仅引用 $X(z)\big|_{z=e^{sT}} = X_p(s)$ 说明两种变换的关系。

6.1.2 典型序列的 z 变换

1. 单位样值函数

单位样值函数 $\delta[n]$ 的定义为

$$\delta[n] = \begin{cases} 1, & n = 0 \\ 0, & n \neq 0 \end{cases}$$

其 z 变换为

$$X(z) = \sum_{n=-\infty}^{+\infty} \delta[n]z^{-n} = 1$$

2. 单位阶跃序列

单位阶跃序列 $u[n]$ 的定义为

$$u[n] = \begin{cases} 1, & n \geq 0 \\ 0, & n < 0 \end{cases}$$

其 z 变换为

$$X(z) = \sum_{n=0}^{+\infty} u(n)z^{-n} = \sum_{n=0}^{+\infty} z^{-n}$$

如果 $|z| > 1$，那么

$$X(z) = \frac{1}{1 - z^{-1}} = \frac{z}{z - 1}$$

3. 斜变序列

斜变序列 $x[n]$ 的定义为

$$x[n] = nu(n)$$

其 z 变换为

$$X(z) = \sum_{n=0}^{+\infty} nz^{-n}$$

4. 指数序列

指数序列 $x[n]$ 的定义为

$$x[n] = a^n u(n)$$

其 z 变换为

$$X(z) = \sum_{n=0}^{+\infty} a^n z^{-n}$$

若 $|z| > |a|$，则 $X(z) = \sum_{n=0}^{+\infty} a^n z^{-n} = \dfrac{1}{1 - az^{-1}} = \dfrac{z}{z-a}$

在分析离散时间线性时不变系统时，掌握某些基本时间序列的 z 变换式是非常有帮助的。z 变换是处理离散信号和系统的一种重要工具，它可以将时域的信号转化为频域的形式，使系统分析和设计变得更加方便和直观。

为了更好地记忆这些基本的 z 变换式，并在实际应用中快速查找，下面将常用的时间序列及其对应的 z 变换整理成一个表格（见表 6-1）。在这个表格中，我们可以找到常见序列（例如单位阶跃信号、单位脉冲信号、几何序列等）在 z 变换下的表示形式。这些基础的 z 变换式构成了一个重要的参考工具，使得我们在处理复杂的信号时能够快速找到其变换结果。在下面即将学习的逆 z 变换的方法之一就是将已知的 z 变换式 $X(z)$ 分解成若干个简单的线性项。这些项通常对应于表格中已列出的基本 z 变换式。然后，通过查找表 6-1，找到每个简单项所对应的时域序列。最后，将这些时域序列合并，即可得到 $X(z)$ 对应的逆变换结果。

表 6-1　常用 z 变换对

序号	序列	z 变换	收敛域
1	$\delta[n]$	1	全部 z
2	$u[n]$	$\dfrac{1}{1-z^{-1}} = \dfrac{z}{z-1}$	$|z|>1$
3	$-u[-n-1]$	$\dfrac{1}{1-z^{-1}} = \dfrac{z}{z-1}$	$|z|<1$
4	$nu[n]$	$\dfrac{z^{-1}}{(1-z^{-1})^2} = \dfrac{z}{(z-1)^2}$	$|z|>1$

序号	序列	z 变换	收敛域
5	$a^n u[n]$	$\dfrac{1}{1-az^{-1}} = \dfrac{z}{z-a}$	$\lvert z \rvert > \lvert a \rvert$
6	$-a^n u[-n-1]$	$\dfrac{1}{1-az^{-1}} = \dfrac{z}{z-a}$	$\lvert z \rvert < \lvert a \rvert$
7	$na^n u[n]$	$\dfrac{az^{-1}}{(1-az^{-1})^2} = \dfrac{az}{(z-a)^2}$	$\lvert z \rvert > \lvert a \rvert$
8	$\cos(\omega_0 n)u[n]$	$\dfrac{1-\cos(\omega_0)z^{-1}}{1-2\cos(\omega_0)z^{-1}+z^{-2}}$	$\lvert z \rvert > 1$
9	$\sin(\omega_0 n)u[n]$	$\dfrac{1-r\cos(\omega_0)z^{-1}}{1-2r\cos(\omega_0)z^{-1}+r^2 z^{-2}}$	$\lvert z \rvert > 1$
10	$r^n \cos(\omega_0 n)u[n]$	$\dfrac{\sin(\omega_0)z^{-1}}{1-2\cos(\omega_0)z^{-1}+z^{-2}}$	$\lvert z \rvert > r$
11	$r^n \sin(\omega_0 n)u[n]$	$\dfrac{r\sin(\omega_0)z^{-1}}{1-2r\cos(\omega_0)z^{-1}+r^2 z^{-2}}$	$\lvert z \rvert > r$

这个表格列出了常见的离散信号及其对应的 z 变换形式，方便日后在信号与系统分析中进行有效的计算和查找。

6.2　z 变换的收敛域

离散时间傅里叶变换收敛的条件是序列的绝对可和。将这一条件应用于式（6-5），则 z 变换收敛的要求是

$$\sum_{n=-\infty}^{+\infty} \lvert x[n]r^{-n} \rvert < +\infty \tag{6-8}$$

由式（6-8）可知，由于序列 $x[n]$ 乘上了 r^{-n}，因此即使序列 $x[n]$ 的傅里叶变换不满足收敛条件，其 z 变换仍可能收敛。例如，单位阶跃序列 $u[n]$ 不满足绝对可和条件，因而其傅里叶变换不能直接由级数收敛求得。然而，当 $\lvert r \rvert > 1$ 时，$r^{-n}u[n]$ 满足绝对可和条件，因而 $u[n]$ 的 z 变换收敛，其收敛域为 $\lvert z \rvert > 1$。

$X(z)$ 的收敛域是在 z 平面内以原点为中心的圆环，即 $X(z)$ 的收敛域一般为 $R_1 < |z| < R_2$，如图 6-1 所示。在一般情况下，R_1 可以小到零，R_2 可以大到无穷大。例如，序列 $x[n] = a^n u[n]$ 的 z 变换的收敛域为 $R_1 = a$，$R_2 = +\infty$，即 $a < |z| \leqslant +\infty$。而 $x[n] = -a^n u[-n-1]$ $x[n] = -a^n u[-n-1]$ 的 z 变换的收敛域为 $R_1 = 0$（包括 0），$R_2 = a$，即 $0 \leqslant |z| < a$。

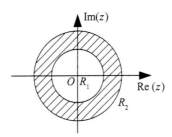

图 6-1　z 变换的收敛域

z 变换的收敛域内不包含任何极点。这是因为 $X(z)$ 在极点处的值为无穷大，z 变换在极点处不存在。因此，收敛域不包括极点，通常以 $X(z)$ 的极点为收敛域的边界。

若 $x[n]$ 为一个右边序列，且 |z|=r 的圆位于收敛域内，则 |z| > r 的所有有限 z 值也都在收敛域内。对于那些求和下限为负值的右边序列，和式将包括 z 的正幂次项，这些项在 |z| → +∞ 时会变成无界的。因此，这种右边序列的收敛域不包括无限远点。

若 $x[n]$ 为一个左边序列，且 |z|=r 的圆位于收敛域内，则 0<|z|<r 的所有 z 值也都在收敛域内。对于求和上限为正值的左边序列，$X(z)$ 的求和式中包括 z 的负幂次项，这些项在 |z| → 0 时会变成无界的。因此，这种左边序列的 z 变换，其收敛域不包括 z=0。

若 $x[n]$ 为一个双边序列，且 |z|=r 的圆位于收敛域内，则该收敛域一定是由包括 |z|=r 的圆环所组成的。对于一个双边序列，通常可以将其表示为一个右边序列和一个左边序列的组合。整个序列的收敛域就是两个单边序列收敛域的交集。

6.3 逆 z 变换

逆 z 变换在信号处理和控制系统分析中具有重要意义。在信号处理和控制系统设计中，分析和设计通常在 z 域（频域）进行。通过逆 z 变换，可以将 z 域中的系统函数（如系统响应）转换回时域，以便于实际实现和验证。

在设计滤波器或其他系统时，通常会先在 z 域进行分析，之后需要将系统响应转换回时域，以理解实际的时间行为和效果。系统的瞬态响应和稳态响应通常在时域中表示。通过逆 z 变换，可以获取系统在时间上的具体行为，如脉冲响应和阶跃响应，这对于系统的实际设计和优化十分重要。给定系统的输入信号和传递函数后，逆 z 变换可以用来计算系统的输出信号。这在实际应用中，比如数字滤波器的设计和实现中是非常关键的。在信号处理应用中，逆 z 变换可以用来从频域表示（例如通过 z 变换得到的频域特征）恢复原始时域信号。这对于信号分析和数据恢复非常重要。在系统设计过程中，通过逆 z 变换可以将设计的系统模型的频域响应转换回时域，以验证设计的正确性和性能。逆 z 变换可以帮助人们在仿真测试中分析系统或信号的实际时域行为，从而进行系统调试和优化。逆 z 变换是将 z 变换结果（频域表示）转换成时域信号的关键过程，它在信号处理、系统设计、系统分析和信号恢复等领域中发挥着重要作用，使得在频域中的设计和分析可以应用于实际的时域系统和信号。

逆 z 变换是将 z 域的函数转换成时域信号的过程。以下是三种常用的求逆 z 变换的方法。

6.3.1 留数法

留数法是基于复变函数的留数定理来计算逆 z 变换的。这种方法适用于具有简单极点的有理函数。

在前面，本书曾将 z 变换看作经过实指数加权后的序列的离散时间傅里叶变换。现在，将其重新写成

$$X(re^{j\Omega}) = F\{x[n]r^{-n}\} \tag{6-9}$$

其中 |z|=r 在收敛域内。对式（6-9）两边进行傅里叶逆变换，得

$$x[n]r^{-n} = F^{-1}\{X(re^{j\Omega})\} \tag{6-10}$$

或者根据傅里叶逆变换表达式，可以将式（6-10）写作

$$x[n] = \frac{1}{2\pi}\int_0^{2\pi} X(re^{j\Omega})e^{j\Omega n}d\Omega$$

$$= \frac{1}{2\pi}\int_0^{2\pi} X(re^{j\Omega})(re^{j\Omega})^n d\Omega \tag{6-11}$$

现在，改变积分变量，令 $z = re^{j\Omega}$，按式（6-11）的本来含义，*r* 固定不变，则 $dz = jre^{j\Omega}d\Omega = jzd\Omega$。因式（6-11）对 Ω 的积分是在 0 到 2π 的区间内进行的。以 *z* 为积分变量后，相当于沿着以 $z = r$ 为半径的圆绕一周，因此，式（6-11）可表示成 *z* 平面内的围线积分

$$x[n] = \frac{1}{2\pi j}\oint_C X(z)z^{n-1}dz \tag{6-12}$$

围线积分的闭合路径就是以 *z* 平面原点为中心、以 *r* 为半径的围线 *C*。围线 *C* 的半径 *r* 的选择应保证 $X(z)$ 收敛（包含所有的极点）。

$X(z)$ 的逆变换 $x[n]$ 可以通过计算 $X(z)z^{n-1}$ 各极点的留数得到，即

$$x[n] = \frac{1}{2\pi j}\oint_C X(z)z^{n-1}dz$$

$$= \mathrm{Res}\Big[X(z)z^{n-1}\Big]\Big|_{C\text{内极点}}$$

留数公式为

$$\mathrm{Res}(z_1) = \Big[(z-z_1)X(z)z^{n-1}\Big]\Big|_{z=z_1} \tag{6-13}$$

在上述留数公式中，$X(z)z^{n-1}$ 的极点仅为孤立的极点。

留数法的优点是可以直接获得逆变换的表达式。然而，当留数法的极点为高阶极点时，其计算会变得非常复杂。因此可以采用其他方法来求解逆 *z* 变换。

6.3.2　幂级数展开法

幂级数展开法也称为长除法，是确定逆 *z* 变换的一个很有用的方法。这个方法源于 *z* 变换的定义。根据定义，*z* 变换可以表示为 *z* 的正幂和负幂级数，其中级数各项的系数就是序列值 $x[n]$。

6.3.3 部分分式法

类似于拉普拉斯变换，当 $X(z)$ 为有理函数时，可以使用部分分式法来求解反逆 z 变换，即首先将 $X(z)$ 进行部分分式展开，然后逐项求其逆 z 变换。

【例题 6.1】求以下 z 变换 $X(z)$ 的逆变换 $x[n]$ 。

$$X(z) = \frac{3z}{(z-2)(z-0.5)}$$

解：将 $X(z)$ 进行部分分式展开，可以将 $X(z)$ 表示为两个简单分式的和，即令

$$\frac{3z}{(z-2)(z-0.5)} = \frac{A}{z-2} + \frac{B}{z-0.5}$$

为了确定 A 和 B ，需要解方程

$$3z = A(z-0.5) + B(z-2)$$

将 z 代入适当的值来解出 A 和 B ：

令 $z=2$ ，则

$$3 \times 2 = A \times (2-0.5) + B \times (2-2)$$

$$6 = A \cdot 1.5$$

$$A = \frac{6}{1.5} = 4$$

令 $z=0.5$ ，则

$$3 \times 0.5 = A \times (0.5-0.5) + B \times (0.5-2)$$

$$1.5 = B \times (-1.5)$$

$$B = \frac{1.5}{-1.5} = -1$$

所以部分分式展开结果为

$$\frac{3z}{(z-2)(z-0.5)} = \frac{4}{z-2} - \frac{1}{z-0.5}$$

下面计算每一项的逆 z 变换。

对于 $\frac{4}{z-2}$ ，这是一个常见的 z 变换形式，其逆变换为

$$Z^{-1}\left\{\frac{4}{z-2}\right\} = 4 \times 2^n \cdot u[n]$$

式中，$u[n]$ 是单位阶跃函数。

对于 $\frac{1}{z-0.5}$ ，这也是一个常见的 z 变换形式，其逆变换为

$$Z^{-1}\left\{\frac{1}{z-0.5}\right\}=(0.5)^n \cdot u[n]$$

将这两个逆 z 变换结果合在一起，得

$$x[n]=Z^{-1}\left\{\frac{3z}{(z-2)(z-0.5)}\right\}=4\times 2^n \cdot u[n]-(0.5)^n \cdot u[n]$$

最终结果为

$$x[n]=\left[4\times 2^n-(0.5)^n\right]\cdot u[n]$$

本例通过将复杂的 z 变换分解为几个简单分式，并逐项求逆 z 变换，得到了最终的时间序列 $x[n]$。

6.4　z 变换的基本性质

与前面讨论过的其他变换一样，z 变换也存在许多反映序列在时域和 z 域之间运算关系的性质，利用这些性质可以灵活地进行序列的正 z 变换、逆 z 变换。

6.4.1　线性性质

若 $x_1[n] \leftrightarrow X_1(z)$，收敛域为 R_1；$x_2[n] \leftrightarrow X_2(z)$，收敛域为 R_2，则

$$a_1 x_1[n]+a_2 x_2[n] \leftrightarrow a_1 X_1(z)+a_2 X_2(z) \quad \text{ROC}=R_1 \bigcap R_2 \tag{6-14}$$

式中，$\text{ROC}=R_1 \bigcap R_2$ 表示线性组合序列的收敛域是 R_1 和 R_2 的交集部分。

对于具有有理 z 变换的序列，若 $a_1 X_1(z)+a_2 X_2(z)$ 的极点是由 $X_1(z)$ 和 $X_2(z)$ 的极点所组成的，即没有零极点相消，线性组合的收敛域一定是两个收敛域的重叠部分。如果出现零极点相消现象，那么收敛域可能要比重叠部分大。

6.4.2　时移性质

若 $x[n] \leftrightarrow X(z)$，则 $x[n-n_0] \leftrightarrow z^{-n_0} X(z)$。

证明：根据双边 z 变换的定义式（6-1），有

$$Z\{x[n-n_0]\}=\sum_{n=-\infty}^{+\infty}x[n-n_0]z^{-n}=z^{-n_0}\sum_{k=-\infty}^{+\infty}x[k]z^{-k}=z^{-n_0}X(z) \tag{6-15}$$

式中，n_0 为可正可负的整数。如果 $n_0>0$，$X(z)$ 乘 z^{-n_0} 将在 $z=0$ 处引入极点，并

将无限远的极点消去。这样，若 R 本来包括原点，则 $x[n-n_0]$ 的收敛域就可能不包括原点。同样地，如果 $n_0 < 0$，那么在 $z = 0$ 处引入零点，而在无限远处引入极点，使本不包括 $z = 0$ 的 R 可能在 $x[n-n_0]$ 的收敛域内添加上原点。

6.4.3 z 域的尺度变换和频移定理

若 $x[n] \leftrightarrow X(z)$，收敛域为 R，则 $z^k x[n] \leftrightarrow X(z/z_0)$。

证明：根据 z 变换的定义，有

$$Z\{z^k x[n]\} = \sum_{n=-\infty}^{+\infty} z^k x[n] z^{-n} = \sum_{n=-\infty}^{+\infty} x[n] z^{k-n} = X(z/z_0) \tag{6-16}$$

由式（6-16）可见，序列 $x[n]$ 乘一个指数序列 z^k 等效于 z 平面上的尺度变换。这里 z_0 一般为复常数。如果限定 $z_0 = \mathrm{e}^{\mathrm{j}\Omega_0}$，那么就得到频移定理：

$$\mathrm{e}^{\mathrm{j}\Omega_0 n} x[n] \leftrightarrow X(z\mathrm{e}^{-\mathrm{j}\Omega_0}) \ （\text{收敛域为} R） \tag{6-17}$$

式（6-17）说明，可以将左边看作 $x[n]$ 被一个复指数序列调制，而右边是 z 平面上的旋转，即全部零极点的位置绕 z 平面原点旋转一个角度 Ω。

6.4.4 时间反转

若 $x[n] \leftrightarrow X(z)$，收敛域为 R，则

$$x[-n] \leftrightarrow X(z^{-1}) \left(\text{收敛域} \frac{1}{R}\right) \tag{6-18}$$

证明：根据 z 变换的定义，有

$$Z\{x[-n]\} = \sum_{n=-\infty}^{+\infty} x[-n] z^n$$

通过变量替换 $k = -n$，可以得到

$$\sum_{n=-\infty}^{+\infty} x[-n] z^n = \sum_{k=-\infty}^{+\infty} x[k](z^{-1})^k = X(z^{-1}) \tag{6-19}$$

因此，序列 $x[-n]$ 的 z 变换是 $X(z^{-1})$，而 $x[-n]$ 的收敛域是 $x[n]$ 收敛域的倒置，也就是说，如果 z_0 是 $x[n]$ 的收敛域中的一点，那么 $\frac{1}{z_0}$ 就会落在 $x[-n]$ 的收敛域中。

6.4.5 卷积定理

若 $x_1[n] \leftrightarrow X_1(z)$，收敛域为 R_1；$x_2[n] \leftrightarrow X_2(z)$，收敛域为 R_2，则

$$x_1[n] * x_2[n] \leftrightarrow X_1(z)X_2(z) \tag{6-20}$$

这表示卷积定理。卷积的 z 变换结果是 $X_1(z)\,X_2(z)$，其收敛域为 R_1 和 R_2 的交集。如果在乘积中零极点相消，$X_1(z)\,X_2(z)$ 的收敛域可能会进一步扩大。下面证明此定理。

证明：根据 z 变换定义，有

$$Z\{x_1[n]*x_2[n]\} = \sum_{n=-\infty}^{+\infty}(x_1*x_2)[n]z^{-n}$$

因为卷积的定义是

$$(x_1*x_2)[n] = \sum_{k=-\infty}^{+\infty}x_1[k]x_2[n-k]$$

所以

$$
\begin{aligned}
Z\{x_1[n]*x_2[n]\} &= \sum_{n=-\infty}^{+\infty}\left(\sum_{k=-\infty}^{+\infty}x_1[k]x_2[n-k]\right)z^{-n}\\
&= \sum_{k=-\infty}^{+\infty}x_1[k]\left(\sum_{n=-\infty}^{+\infty}x_2[n-k]z^{-n}\right)\\
&= \sum_{k=-\infty}^{+\infty}x_1[k]\left(\sum_{n'=-\infty}^{+\infty}x_2[n']z^{-(n'+k)}\right)\\
&= \sum_{k=-\infty}^{+\infty}x_1[k]z^{-k}\left(\sum_{n'=-\infty}^{+\infty}x_2[n']z^{-n'}\right)\\
&= \sum_{k=-\infty}^{+\infty}x_1[k]z^{-k}X_2(z)\\
&= X_2(z)\sum_{k=-\infty}^{+\infty}x_1[k]z^{-k}\\
&= X_1(z)X_2(z)
\end{aligned}
$$

因此，卷积 $x_1[n]*x_2[n]$ 的 z 变换是 $X_1(z)\,X_2(z)$，其收敛域为 R_1 和 R_2 的交集。如果乘积中的零极点相消，收敛域可能进一步扩大。

当一个离散时间线性时不变系统的单位抽样响应为 $h[n]$ 时，它对输入序列 $x[n]$ 的响应 $y[n]$ 可以通过卷积和计算得出。然而，借助这里导出的卷积定理，可以避免直接进行卷积运算，这与傅里叶变换和拉普拉斯变换中的卷积性质的应用类似。

6.4.6　z 域积分

若 $x[n]\leftrightarrow X(z)$，收敛域为 R，则

$$nx[n]\leftrightarrow -z\frac{\mathrm{d}X(z)}{\mathrm{d}z}\quad \text{ROC}=R \tag{6-21}$$

证明：将 z 变换定义式 $X(z) = \sum\limits_{n=-\infty}^{+\infty} x[n]z^{-n}$ 对 z 求导数，得

$$\frac{\mathrm{d}X(z)}{\mathrm{d}z} = \frac{\mathrm{d}}{\mathrm{d}z}\left(\sum_{n=-\infty}^{+\infty} x[n]z^{-n}\right) = \sum_{n=-\infty}^{+\infty} x[n]\frac{\mathrm{d}}{\mathrm{d}z}\left(z^{-n}\right)$$

$$= \sum_{n=-\infty}^{+\infty} x[n](-n)z^{-n-1}$$

$$= -z^{-1}\sum_{n=-\infty}^{+\infty} nx[n]z^{-n}$$

$$= -z^{-1}Z\{nx[n]\}$$

因此，

$$Z\{nx[n]\} = -z\frac{\mathrm{d}X(z)}{\mathrm{d}z}$$

进一步，如果将 $nx[n]$ 乘 n 再次进行 z 变换，可以证明

$$Z\{n^2 x[n]\} = z^2\frac{\mathrm{d}^2 X(z)}{\mathrm{d}z^2}$$

这个过程还可以继续下去。

6.4.7 初值定理和终值定理

初值定理：若 $n < 0$，则序列的初值为

$$x[0] = \lim_{z\to+\infty} X(z) \tag{6-22}$$

证明：该因果序列的 z 变换为

$$X(z) = \sum_{n=0}^{+\infty} x[n]z^{-n}$$

对于 $n>0$，随着 $z\to+\infty$，z^{-n} 会趋近于零；对于 $n=0$，$z^{-n}=1$。因此，$\lim\limits_{z\to+\infty} X(z) = x[0]$。

当一个因果序列的初值 $x[0]$ 为有限值时，$\lim\limits_{z\to+\infty} X(z)$ 也是有限值。结果是，当把 $X[z]$ 表示成两个多项式之比时，分子多项式的阶次不能大于分母多项式的阶次。

终值定理：若 $n<0$ 时 $x[0]=0$，则序列的终值为

$$\lim_{n\to+\infty} x[n] = \lim_{z\to 1}(z-1)X(z) \tag{6-23}$$

证明：这里需要用到单边 z 变换的时移性质，关于它的证明将在后面给出。设因果序列 $x[0]$ 的单边 z 变换为 $X(z)$，那么 $x[n+1]$ 的单边 z 变换为

$$Z\{x[n+1]\} = \sum_{n=0}^{+\infty} x[n+1]z^{-n} = z\sum_{n=0}^{+\infty} x[n+1]z^{-n-1} = zX(z) - zx[0]$$

所以

$$Z\{x[n+1]-x[n]\}=(z-1)X(z)-zx[0]$$

取极限得到

$$\lim_{z\to 1}(z-1)X(z)=x[0]+\lim_{n\to+\infty}\sum_{k=0}^{n}(x[k+1]-x[k])z^{-k}$$

$$=x[0]+\{x[1]-x[0]\}+\{x[2]-x[1]\}+\cdots=x[+\infty]$$

因此，

$$\lim_{n\to+\infty}x[n]=\lim_{z\to 1}(z-1)X(z)$$

从上述证明过程可见，终值定理只有在 $n\to+\infty$ 时 $x[n]$ 收敛时才适用，也就是说，要求 $X(z)$ 的收敛域包括单位圆。

6.4.8　单边 z 变换的性质

单边 z 变换的大多数性质和双边 z 变换相同，只有少数例外，其中最重要的就是时移性质。单边 z 变换的时移性质，对于序列右移（延时）和左移（超前）是不相同的。

1. 延时定理

若 $x[n]u[n]\leftrightarrow X(z)$ ，对于 $m>0$ ，则

$$Z\{x[n-m]u[n]\}=z^{-m}X(z)+z^{-m}\sum_{k=-m}^{-1}x[k]z^{-k} \tag{6-24}$$

证明：根据 z 变换的定义，有

$$Z\{x[n-m]u[n]\}=\sum_{n=0}^{+\infty}x[n-m]z^{-n}$$

令 $k=n-m$ ，则

$$Z\{x[n-m]u[n]\}$$

$$=\sum_{k=-m}^{+\infty}x[k]z^{-(k+m)}=z^{-m}\sum_{k=-m}^{+\infty}x[k]z^{-k}$$

$$=z^{-m}X(z)+z^{-m}\sum_{k=-m}^{-1}x[k]z^{-k}$$

对于 $m=1$、2 的情况，式（6-24）可以写成

$$Z\{x[n-1]u[n]\}=z^{-1}X(z)+x[-1]$$

$$Z\{x[n-2]u[n]\}=z^{-2}X(z)+z^{-1}x[-1]+x[-2] \tag{6-25}$$

若 $x[n]$ 本身为因果序列，即 $n<0$ 时 $x[n]=0$ ，则从式（6-24）中可见，式中右边第二项为零。因此右移序列的单边 z 变换与双边 z 变换相同。

2. 超前定理

若有 $x[n]u[n] \leftrightarrow X(z)$ ，对于 $m>0$ ，则有

$$Z\{x[n+m]u[n]\} = z^m X(z) - z^m \sum_{k=0}^{m-1} x[k]z^{-k} \qquad （6-26）$$

该定理的证明与延时定理类似。对于 $m=1$、2 的情况，式（6-26）可以写成

$$Z\{x[n+1]u[n]\} = zX(z) - zx[0]$$

$$Z\{x[n+2]u[n]\} = z^2 X(z) - z^2 x[0] - zx[1] \qquad （6-27）$$

在序列左移的情况下，因果性不能消除式（6-26）中右边的第二项。

6.5　利用 z 变换解差分方程

对于由线性常系数差分方程表征的离散时间线性时不变系统，与连续时间线性时不变系统一样，也有两种主要的分析方法，即时域分析法和变换域分析法。前面的章节已经介绍了时域分析法，也讨论了傅里叶变换分析法。与前两种方法相比，z 变换在离散时间线性时不变系统的分析和表示中起着特别重要的作用，这是因为 z 变换将差分方程转换为代数方程，这比在时域直接求解差分方程要简便得多。此外，z 变换可以视作经过指数加权后的序列傅里叶变换，因此它比离散时间傅里叶变换具有更广泛的适用范围。

下面通过一个例子来说明如何利用 z 变换简化差分方程的求解。

【例题 6.2】给出一个差分方程 $y[n]+3y[n-1]=x[n]$ ，其中输入信号为 $x[n]=u[n]$ （单位阶跃函数），并且初始条件为 $y[-1]=1$ ，求解 $y[n]$ 。

解：对差分方程两边应用 z 变换，利用 z 变换的线性性质和时移性质进行求解。

根据 z 变换的定义和性质，有

$$Z\{y[n]\} = Y(z)$$

$$Z\{y[n-1]\} = z^{-1}Y(z)$$

$$Z\{x[n]\} = X(z)$$

对差分方程应用 z 变换，得

$$Z\{y[n]+3y[n-1]\} = Z\{x[n]\}$$

代入 z 变换的线性性质，得

$$Z\{y[n]\} + 3Z\{y[n-1]\} = Z\{x[n]\}$$

对于单位阶跃函数 $u[n]$，其 z 变换是

$$X(z) = \frac{1}{1-z^{-1}}$$

将 $X(z)$ 代入差分方程的 z 变换结果，得

$$Y(z) + 3z^{-1}Y(z) = \frac{1}{1-z^{-1}}$$

将 $Y(z)$ 相关项整理在一起，得

$$Y(z)\left(1+3z^{-1}\right) = \frac{1}{1-z^{-1}}$$

解 $Y(z)$，得

$$Y(z) = \frac{\dfrac{1}{1-z^{-1}}}{1+3z^{-1}}$$

化简 $Y(z)$，得

$$Y(z) = \frac{1}{(1-z^{-1})(1+3z^{-1})}$$

$$Y(z) = \frac{z}{(z-1)(z+3)}$$

对 $Y(z)$ 进行部分分式分解，得

$$\frac{z}{(z-1)(z+3)} = \frac{A}{z-1} + \frac{B}{z+3}$$

通过解方程 $z = A(z+3) + B(z-1)$ 确定 A 和 B。

令 $z=1$，则

$$1 = A\times(1+3) \Rightarrow A = \frac{1}{4}$$

令 $z=-3$，则

$$-3 = B\times(-3-1) \Rightarrow B = \frac{3}{4}$$

所以

$$\frac{z}{(z-1)(z+3)} = \frac{1/4}{z-1} + \frac{3/4}{z+3}$$

利用 z 变换对每一项进行逆 z 变换，得

$$Z^{-1}\left\{\frac{1/4}{z-1}\right\} = \frac{1}{4}\times 1^n \cdot u[n] = \frac{1}{4}u[n]$$

$$Z^{-1}\left\{\frac{3/4}{z+3}\right\} = \frac{3}{4} \times (-3)^n \cdot u[n]$$

结合初始条件 $y[-1]=1$，得到完整解：

$$y[n] = \frac{1}{4}u[n] - \frac{3}{4} \times (-3)^n \cdot u[n]$$

调整初始条件，使最终解为

$$y[n] = \frac{1}{4} - \frac{3}{4} \times (-3)^n \cdot u[n]$$

实际上，由于初始条件的影响，实际解应为

$$y[n] = \frac{1}{4}\left[1 - (-3)^n\right] \cdot u[n]$$

这就是差分方程的完整解。

本例题展示了如何利用 z 变换来求解差分方程，从而能够同时得到系统的完全响应。这里的完全响应包括零输入响应和零状态响应。通过 z 变换，人们可以将差分方程转化为代数方程，利用代数方程求解系统的完全响应，这种方法在计算上通常较为简便。

零输入响应能够帮助人们分析系统的初始条件对系统行为的影响，而零状态响应则可以揭示系统在特定输入下的动态行为。因此，在某些情况下，将这两部分响应分别计算出来，有助于更清晰地理解系统的整体行为，尤其是在分析复杂系统时，这种方法可以更直观地展现系统的内部机制和外部驱动之间的关系。

6.6　离散时间系统的系统函数

关于离散时间系统的系统函数的定义，在前面的章节中已经进行了详细的介绍。系统函数 $H(z)$ 是描述离散时间系统的重要工具，它定义为单位抽样响应 $h[n]$ 的 z 变换。具体来说，系统函数 $H(z)$ 可以表示为

$$H(z) = \sum_{n=-\infty}^{+\infty} h[n]z^{-n} \tag{6-28}$$

式中，$h[n]$ 是系统的单位抽样响应；z 是复频域变量。这个定义展示了系统函数如何从系统的单位抽样响应 $h[n]$ 中得到，它提供了系统在频域中的完整信息。

此外，系统函数 $H(z)$ 还可以被定义为系统的零状态响应的 z 变换与系统输入的 z 变换之比。如果知道系统的输入 $x[n]$ 和对应的零状态响应 $y[n]$，那么系统函数 $H(z)$ 可以表示为

$$H(z) = \frac{Y(z)}{X(z)} \qquad (6\text{-}29)$$

式（6-29）中，$Y(z)$ 是零状态响应的 z 变换；$X(z)$ 是系统输入的 z 变换。这种表示方式使人们能够通过已知的输入和响应来确定系统的特性。

本节将深入探讨与系统函数相关的一些重要问题。主要研究内容包括系统函数 $H(z)$ 的求取，以及如何通过 $H(z)$ 的零极点分布确定系统的单位抽样响应、稳定性和因果性等特性。特别地，系统的零极点配置对系统的动态特性有直接的影响。例如，系统的稳定性可以通过检查系统函数的极点是否都位于单位圆内来判断，而系统的因果性则可以通过零极点的分布来确定。

需要注意的是，本节的研究对象主要限于用线性常系数差分方程来描述的系统。线性常系数差分方程是处理离散时间系统最基本的数学模型，它能够有效地描述许多实际系统的行为，因此在信号与系统的分析中占有重要地位。通过对这些系统的深入研究，人们能够更好地理解离散时间系统的响应特性和性能。

6.6.1　系统函数 $H(z)$ 的求取

对于一般的 N 阶差分方程，可以对差分方程两边进行 z 变换，同时应用线性和时移性质。先考虑一个 N 阶线性时不变系统，其输入和输出关系可以由以下线性常系数差分方程来表征。

$$\sum_{k=0}^{N} a_k y[n-k] = \sum_{k=0}^{N} b_k x[n-k] \qquad (6\text{-}30)$$

对上述差分方程进行 z 变换，得

$$\sum_{k=0}^{N} a_k z^{-k} Y(z) = \sum_{k=0}^{N} b_k z^{-k} X(z)$$

根据式（6-30）可得 N 阶系统的系统函数表达式为

$$H(z) = \frac{\displaystyle\sum_{k=0}^{N} b_k z^{-k}}{\displaystyle\sum_{k=0}^{N} a_k z^{-k}} \qquad (6\text{-}31)$$

从 $H(z)$ 的一般表达式可以看出，对于一个由线性常系数差分方程描述的系统，

其系统函数总是一个有理函数，并且它的分子、分母多项式的系数分别与差分方程右边、左边对应项的系数相等。

如果已知的是离散时间系统的模拟框图，那么可以直接从框图入手得到 $H(z)$，而不必经过求取差分方程这一中间步骤。

【例题 6.3】求如图 6-2 所示一阶离散时间系统的零极点和抽样响应，设 $0<a<1$。

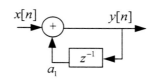

（a）一阶离散时间系统

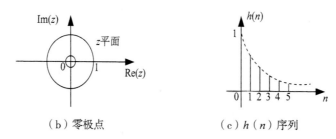

（b）零极点　　　　　　　　（c）$h(n)$ 序列

图 6-2　一阶离散时间系统的零极点和抽样响应

解：围绕相加器的输出和输入列出 z 域方程，于是有

$$\frac{Y(z)}{X(z)} = \frac{a}{z-a}$$

式中，a 是系统的量化参数，且 $0<a<1$。

系统的单位抽样响应 $h[n]$ 为

$$h[n] = Z^{-1}\{H(z)\} = a^n u[n]$$

以上得出的 $H(z)$ 的零极点和 $h[n]$ 序列如图 6-2（b）和图 6-2（c）所示。$H(z)$ 有一个零点在 $z=0$ 处，一个极点在 $z=a$ 处。

6.6.2　由 $H(z)$ 零极点分布确定单位抽样响应

对于一个用线性常系数差分方程描述的线性时不变系统，其 $H(z)$ 是 z 的实系数有理函数，那么其分子和分母多项式都可以分解为子因式，即把式（6-31）表示为

$$H(z) = G \cdot \frac{\prod\limits_{i=1}^{M}(1-z/z_i)}{\prod\limits_{k=1}^{N}(1-p_k z^{-1})} = G \cdot \frac{\prod\limits_{i=1}^{M}(z-z_i)}{\prod\limits_{k=1}^{N}(z-p_k)} \tag{6-32}$$

其中各子因式分别确定了 $H(z)$ 的零点和极点的位置。

如果把式（6-32）展开成部分分式，$H(z)$ 的每个极点决定一项对应的时间序列。设 $N>M$，且所有极点均为一阶的，式（6-32）可以展开成

$$H(z) = \sum_{k=1}^{N} \frac{A_k}{z - p_k} \qquad （6-33）$$

于是系统的单位抽样响应 $h[n]$ 为

$$h[n] = Z\{H(z)\} = \sum_{k=1}^{N} A_k p_k^n u[n] \qquad （6-34）$$

式（6-34）中，极点 p_k 可以是实数，也可以是成对出现的共轭复数。与拉普拉斯变换中的情形相似，单位抽样响应 $h[n]$ 的模式取决于 $H(z)$ 的极点，而零点只影响 $h[n]$ 的幅度和相位，即系数 A_k。

在离散信号和系统的分析中，系统函数 $H(z)$ 的极点分布对单位抽样响应 $h[n]$ 的特性具有重要影响。极点 p_k 的取值形式，包括实数、共轭虚数及一般复数，直接关系到系统的行为和响应模式。这一问题在前面关于基本离散信号的讨论中已有提及，因此在此进一步强调极点在复平面上的位置对响应特性的影响。

当极点的模 $|p_k| < 1$ 时，意味着这些极点位于 z 平面单位圆内。在这种情况下，系统的单位抽样响应 $h[n]$ 会表现为一个衰减的时间序列。这是因为极点的复指数形式 p_k^n 随着 n 的增大而逐渐减小，这导致信号的幅度不断降低，最终趋近于零。

当极点的模 $|p_k| > 1$ 时，极点位于单位圆外，这会导致系统响应成为一个增长的时间序列。在这种情况下，极点的复指数形式 p_k^n 随着 n 的增大而增大，信号的幅度不断增加，可能导致系统失去稳定性，产生信号发散现象。这种行为在实际应用中是不被希望出现的，因为它会导致系统输出不受控制，可能引发不必要的噪声或振荡。

当极点的模恰好等于 1，即 $|p_k| = 1$ 时，极点位于单位圆上，此时系统响应将表现为幅值恒定的时间序列。在这种情况下，信号不会衰减或增长，而是维持一个恒定的幅度。这种状态通常表示系统处于临界稳定状态，尽管输出不会发散，但在输入发生变化时，系统的响应会非常敏感。

在离散时间系统中，明确极点相对于单位圆的位置对于判断系统的稳定性具有至关重要的意义。系统的稳定性直接决定了其在实际应用中的表现，例如在控制系统、信号处理、通信及其他许多领域，稳定性是确保系统可靠运行的基本要求。通过对极点的深入分析，工程师能够设计出更加可靠和稳定的离散时间系统，从而满

足各种特定应用的需求。这种对极点及其响应特性的深入理解不仅有助于人们分析和评估现有的系统，还为新系统的研发提供了坚实的理论基础。

6.6.3 系统的稳定性和因果性

按照一般稳定系统的定义（系统对一个有界输入的输出也应有界），保证一个离散时间线性时不变系统稳定的充要条件是它的单位抽样响应绝对可和，即

$$\sum_{n=-\infty}^{+\infty} |h[n]| < +\infty \qquad (6-35)$$

由于 $H(z) = \sum_{n=-\infty}^{+\infty} h[n]z^{-n}$，当 $|z| = r = 1$ 时，绝对可和条件使 $h[n]$ 的离散时间傅里叶变换一定收敛，这说明稳定系统的 $H(z)$ 的收敛域一定包括单位圆。

如果系统是因果的，根据收敛域的性质，其 $H(z)$ 的收敛域一定位于 $H(z)$ 最外侧极点的外边。若把上述两个关于收敛域的限制合在一起，则可以得出结论：一个因果且稳定的系统，其 $H(z)$ 的全部极点必定位于单位圆内。

习　题

1.已知序列 $f(n)$ 的变换为 $F(z) = \dfrac{2z}{(z-0.4)(z+1.5)}$，当 $F(z)$ 的收敛域为（　　）时，序列 $f(n)$ 为左边序列。

A. $|z| > 0.4$　　　　B. $|z| < 0.4$　　　　C. $|z| < 1.5$　　　　D. $|z| > 1.5$

2.序列 $f(n) = n \cdot 3^n u(n)$ 的 z 变换为（　　）。

A. $\dfrac{z}{z^2 - 9}$　　　　B. $\dfrac{1}{z^2 - 9}$　　　　C. $\dfrac{3z}{(z-3)^2}$　　　　D. $\dfrac{z}{(z-3)^2}$

3.已知因果序列 $f(n)$ 的变换为 $F(z) = \dfrac{z^2 + z}{(z^2 - 1)(z + 0.5)}$，则该序列的初值是＿＿＿＿，终值是＿＿＿＿。

4.若已知序列 $f(n)$ 的变换为 $F(z)$，则 $(-0.2)^n f(n)$ 的 z 变换为（　　）。

A.$5F(-5z)$　　　　B.$5F(5z)$　　　　C.$F(-0.2z)$　　　　D.$F(-5z)$

5.已知某离散时间线性时不变系统的单位样值响应为 $h(n) = 2^n u(n)$，在某输入

信号作用下产生的零状态响应为 $r_{zs}(n) = (3^n - 2^n)u(n)$，则该输入信号为（　　）。

　　A. $3^n u(n-1)$　　　B. $3^{n-1} u(n)$　　　C. $3^{n-1} u(n-1)$　　D. $3^n u(n)$

　　6. 为使因果离散时间线性时不变系统是稳定的，其系统函数的极点必须在平面的（　　）。

　　A. 单位圆内　　　B. 单位圆外　　　C. 左半平面　　　D. 右半平面

　　7. 序列 $f(n) = -u(-n)$ 的 z 变换等于（　　）。

　　A. $\dfrac{z}{z-1}$　　　B. $-\dfrac{z}{z-1}$　　　C. $\dfrac{1}{z-1}$　　　D. $\dfrac{-1}{z-1}$

　　8. 已知 $f(n)$ 的 z 变换为 $F(z) = \dfrac{z}{(z+0.5)(z+2)}$，当 $F(z)$ 的收敛域为（　　）时，序列 $f(n)$ 为因果序列。

　　A. $|z| > 0.5$　　　B. $|z| < 0.5$　　　C. $|z| > 2$　　　　D. $0.5 < |z| < 2$

　　9. 已知离散时间线性时不变系统的单位样值响应为 $h(n) = 3^n u(-n-1) + 2^{-n} u(n)$，则该系统的因果稳定性为＿＿＿＿。

　　10. 已知某线性时不变系统的差分方程为 $r(n) + 3r(n-1) + 2r(n-2) = 2e(n) + e(n-1)$，若输入为 $e(n) = u(n)$，初始条件为 $r(-1) = 0.5$，$r(-2) = 0.25$，求系统的零输入响应、零状态响应及全响应。

　　11. 已知某因果离散时间线性时不变系统的系统函数为 $\dfrac{z^2 - 2z}{z^2 + 3z + 2}$。

　　（1）画出该系统的零极点图，并判断系统稳定性；

　　（2）画出系统的直接形式模拟图。

参考文献

[1] 陆文骏，薛峰.信号与线性系统分析 [M].北京：机械工业出版社，2022.

[2] 郭铁梁.信号与系统简明教程 [M].成都：西南交通大学出版社，2022.

[3] 刘海成，肖易寒，吴东艳，等.信号处理与线性系统分析 [M].2 版.北京：北京航空航天大学出版社，2022.

[4] 张晓青.信号与系统基础及应用 [M].北京：机械工业出版社，2017.

[5] 岳振军，王渊，余璟，等.大话信号与系统 [M].北京：机械工业出版社，2021.

[6] 郑杰，齐玉娟，周鹏.信号与线性系统分析学习指导 [M].东营：中国石油大学出版社，2017.

[7] 何胜阳，赵雅琴.信号与系统创新与实践教程 [M].哈尔滨：哈尔滨工业大学出版社，2022.

[8] 宋琪.信号与线性系统分析辅导与习题详解 [M].武汉：华中科技大学出版社，2008.

[9] 王炼红，孙闽红，陈洁平.信号与系统分析 [M].武汉：华中科技大学出版社，2020.

[10] 邢丽冬，潘双来.信号与线性系统 [M].3 版.北京：清华大学出版社，2020.

[11] 薛莲，周茉，刘少敏.信号与系统 [M].武汉：华中科技大学出版社，2015.

[12] 张振海，张振山，胡红波，等.信号与系统的处理、分析与实现 [M].北京：北京理工大学出版社，2021.

[13] 谭静.信号与线性系统分析 [M].南京：南京大学出版社，2016.

[14] 尹龙飞，尹霄丽.信号与系统答疑解惑与典型题解 [M].北京：北京邮电大学出版社，2022.

[15] 林梓,王海燕,刘秀环.信号与线性系统解题指导[M].北京:北京邮电大学出版社,2006.

[16] 张蕾,任仕伟,王晓华.信号与系统学习指导与习题解答[M].北京:北京理工大学出版社,2022.

[17] 刘毅华,赵光宙.信号、系统与控制[M].北京:机械工业出版社,2021.

[18] 马子骥,杨文忠,帅智康.信号与系统学习与实验指导[M].武汉:华中科技大学出版社,2020.

[19] 张渭滨.信号与线性系统学习指南与题解[M].北京:知识产权出版社,2005.

[20] 刘品潇.信号与系统[M].长沙:国防科技大学出版社,2008.

[21] 张腊梅.信号与系统要点解析和学习指导[M].哈尔滨:哈尔滨工业大学出版社,2022.

[22] 何继爱.信号与线性系统分析[M].北京:北京理工大学出版社,2014.

[23] 陈淼鑫,任伟建.基于时域方法的线性控制系统分析与设计[M].北京:石油工业出版社,2023.

[24] 姚敏,吴政南.信号与线性系统分析[M].武汉:华中科技大学出版社,2019.

[25] 陆军,王晓陵.线性系统理论[M].北京:科学出版社,2019.

[26] 李昌利.傅里叶变换及其在信息处理中的应用[M].哈尔滨:哈尔滨工程大学出版社,2018.

[27] 林梓,刘秀环,王海燕.信号与线性系统分析基础[M].北京:北京邮电大学出版社,2005.

[28] 张卫钢.信号与线性系统[M].西安:西安电子科技大学出版社,2005.

[29] 徐守时,谭勇,郭武.信号与系统:理论、方法和应用[M].3版.合肥:中国科学技术大学出版社,2018.

[30] 胡钋.信号与系统:MATLAB实验综合教程[M].武汉:武汉大学出版社,2017.

[31] 张小虹,王丽娟.电路与线性系统分析[M].西安:西安电子科技大学出版社,2009.

[32] 钱冬宁.信号分析与处理[M].北京:北京理工大学出版社,2017.

[33] 马英.通信系统工程实践教程[M].成都:电子科技大学出版社,2019.

[34] 宋琪,陆三兰.信号与系统学习与考研指导[M].武汉:华中科技大学出版社,2018.

[35] 曾黄麟,余成波.信号与系统分析基础[M].2版.重庆:重庆大学出版社,2007.

[36] 刘嘉贤，王文佳，麻嘉欣，等.拉普拉斯变换在精确求解二体阻尼震荡模型中的应用 [J]. 大学物理，2022，41（11）：52-57，85.

[37] 张波，陈珍，袁季兵.有理真分式的拉普拉斯积分变换的反演 [J]. 江西科学，2022，40（4）：639-642.

[38] 乔世坤，田锐，夏宇.基于 Matlab 的连续时间线性系统时域分析求解探讨 [J]. 电气电子教学学报，2019，41（1）：69-73.

[39] 刘菁，魏雪缘，刘钊，等.小波包变换和加权分数阶傅里叶变换的通信应用对比分析 [J]. 无线电通信技术，2019，45（1）：14-19.

[40] 张茁，陈波，朱昕.线性系统暂态特性分析方法比较 [J]. 教育现代化，2018（30）：209-210.

[41] 张楠，李庆华，孙明灿 .LTI 连续时间系统零状态响应的求解方法 [J]. 齐鲁工业大学学报，2014，28（4）：27-29.

[42] 赵树杰 .连续线性系统时域分析中的函数匹配法 [J]. 西安电子科技大学学报，1990，17（1）：94-101.

[43] 李苑青，蒋宇飞，肖涵，等.信号与系统实验中傅里叶变换的研究与实践 [J]. 科技风，2021（32）：68-71.

[44] 许波，王振宇.离散傅里叶变换误差分析与参数设置 [J]. 电气电子教学学报，2020，42（4）：52-55.

[45] 陈后全 .快速傅里叶变换对信号频谱的简单分析 [J]. 电子测试，2020（9）：68-69，36.

[46] 周剑雄，石志广，吴京.离散时间信号频域分析中的概念辨析 [J]. 电气电子教学学报，2014，36（1）：49-51.

[47] 王益艳 .时频域分析中几种傅里叶变换的比较 [J]. 四川文理学院学报，2013，23（5）：28-32.

[48] 杜建和，仲涛.傅里叶变换的矩阵实现 [J]. 玉溪师范学院学报，2012，28（8）：32-35.

[49] 苏博妮，化希耀.基于 MATLAB 的离散时间系统 Z 域分析 [J]. 塔里木大学学报，2009，21（1）：43-45.

[50] 王源，韩英，屈贺，等.拉普拉斯变换在控制理论中的应用 [J]. 北京石油化工学院学报，2023（1）：60-65.

[51] 梁家辉 .重要的拉普拉斯变换公式及其应用 [J]. 数学的实践与认识，2023（9）：

230–256.

[52] 巩亚楠，魏德旺，刘俊良，等．"信号与系统"中系统稳定性分析 [J]. 科技资讯，2023（18）：78–81.

[53] 袁莎，向仪，冯强．分数傅里叶余弦 – 拉普拉斯混合加权卷积及其应用 [J]. 河南科学，2023，41（8）：1159–1166.

[54] 曹贞斌．傅里叶变换、拉普拉斯变换和伽博变换的关系 [J]. 大学物理，2023，42（7）：21–23.

[55] 王琳，胡耀，王世元．从采样的角度谈信号与系统中的傅里叶变换 [J]. 安徽师范大学学报（自然科学版），2022（4）：332–337.

[56] 宋琪，陆三兰．由拉普拉斯变换求傅里叶变换方法的研究 [J]. 湖南理工学院学报（自然科学版），2021（4）：88–90.